水利工程建设技术创新与应用

刘丽丽　靳爱平　魏福生　主编

吉林科学技术出版社

图书在版编目（CIP）数据

水利工程建设技术创新与应用 / 刘丽丽，靳爱平，
魏福生主编 . -- 长春：吉林科学技术出版社，2022.9
ISBN 978-7-5578-9771-0

Ⅰ . ①水… Ⅱ . ①刘… ②靳… ③魏… Ⅲ . ①水利建
设 Ⅳ . ① TV

中国版本图书馆 CIP 数据核字 (2022) 第 179503 号

水利工程建设技术创新与应用

主　　编	刘丽丽　靳爱平　魏福生
出 版 人	宛　霞
责任编辑	乌　兰
封面设计	刘梦杏
制　　版	刘梦杏
幅面尺寸	170mm×240mm　1/16
字　　数	130 千字
页　　数	120
印　　张	7.5
印　　数	1–1500 册
版　　次	2022 年 9 月第 1 版
印　　次	2023 年 3 月第 1 次印刷

出　　版	吉林科学技术出版社
发　　行	吉林科学技术出版社
地　　址	长春市净月区福祉大路 5788 号
邮　　编	130118
发行部电话 / 传真	0431-81629529　81629530　81629531
	81629532　81629533　81629534
储运部电话	0431-86059116
编辑部电话	0431-81629518
印　　刷	三河市嵩川印刷有限公司

书　　号	ISBN 978-7-5578-9771-0
定　　价	55.00 元

编委会

前言

　　水利工程项目是我国经济社会发展的重要基础产业和基础设施，近年来国家对水利项目投资的不断增长，给水利施工企业带来了新的发展机遇。作为国家基础设施建设的重要组成部分。水利工程建设在于为人们提供重要的基本生活保障与良好的生活环境。改革开放以来，我国的经济发展十分迅速，各行各业都在迅速地发展，不但保持了农业和轻工业的全面发展进步，还保持了工业的良好发展势头。与此同时，我国认识到水利工程对人们生活的影响。伴随我国社会生产力的不断发展，国民经济水平的逐渐提升，我国的水利资源事业也取得了非常大的成就。我国水利事业的发展日新月异，极大地带动了区域经济的发展，为人们的生产生活带来了便利。各项水利工程在为我国带来经济利益的同时，对我国的自然环境和社会环境造成了一定的影响，阻碍了生态环境的正常发展。由于水利工程建设属于大工程，建设过程中或是建成之后会对当地的生态环境造成一定的影响，与保护生态环境可持续发展之间产生一定的矛盾，这是水利工程建设的消极因素。因此，为最大限度减轻水利工程建设带给自然环境的不利影响，我国应该加强对水利工程建设的改革与创新，这样才能使水利工程建设得到可持续发展。

　　另外，随着我国经济水平的不断提升，城市化进程速度加剧，城市内涝问题逐渐成为人民群众关注的焦点之一。城市内涝防治是一项系统工程，因此需要结合城市化进程发展实际，在城市建设过程中合理规划城市排水系统，需要城市的低影响开发从源头减小雨水径流量，提高排水管渠的设计标准，建设雨水调蓄设施和城市水系。本书从水利工程与生态环境发展与应用的角度，对水利工程施工过程中出现的一系列问题进行了系统的剖析，并提出了具有建设性的建议和意见，对于水利工程的发展与推进具有非常重要的现实意义和理论价值。此外，本书深入分析了目前我国城市内涝防治方面的不足，并相应地提出了具有操作性的解决措施，希望可以对解决城市内涝问题有所裨益，推动我国城市防治内涝灾害工作进一步发展。由于时间、水平有限，书中难免有疏漏之处，恳请广大读者批评指正。

目录

第一章 水利工程建设管理及创新后评价

第一节 水利枢纽、水资源与水利工程

一、水利枢纽与水利工程

水利工程是指为了综合利用水资源，以达到兴水利除水害的目的而修建的工程。一个水利工程项目，常由多个不同功能的建筑物组成，这些建筑物统称水工建筑物。而由不同作用的水工建筑物组成的协同运行的工程综合群体称为水利枢纽。

（一）水利工程和水工建筑物的分类

1.水利工程的分类

水利工程是根据其所承担的任务进行分类的。例如，防洪治河工程、农田水利工程、水力发电工程、供水工程、排水工程、水运工程、渔业工程等，一个工程如果具有多种任务，则被称为综合水利工程。

水利枢纽按其主要作用可分为蓄水枢纽、发电枢纽、引水枢纽等。

蓄水枢纽是在河道来水年际、年内变化较大，不能满足下游防洪、灌溉、引水等用水要求时，通过修建大坝挡水，利用水库拦洪蓄水，用于枯水期灌溉、城镇引水等。

发电枢纽是利用河道中丰富的水量和水库形成的落差，安装水力发电机组，将水能转变为电能。

引水枢纽是在天然河道来水量或河水位较低不能满足引水需要时，在河道上

修建较低的拦河闸（坝）等水工建筑物，来调节水位和流量，以保证引水的质量和数量。

2.水工建筑物的分类

水工建筑物按其作用可分挡水建筑物、泄水建筑物、输水建筑物、取水建筑物、河道整治建筑物、专门建筑物等。

挡水建筑物的作用是拦截江河水流，抬高上游水位以形成水库，如各种坝、闸等。

泄水建筑物的作用是在洪水期河道入库洪量超过水库调蓄能力时，宣泄多余的洪水，以保证大坝及有关建筑物的安全，如溢洪道、泄洪洞、泄水孔等。

输水建筑物的作用是为满足发电、供水和灌溉的需求，从上游向下游输送水量，如输水渠道、引水管道、水工隧洞、渡槽、倒虹吸管等。

取水建筑物一般布置在输水系统的首部，用以控制水位、引入水量或人为提高水头，如进水闸、扬水泵站等。

河道整治建筑物的作用是改善河道的水流条件，河道冲刷变形及险工的整治，如顺坝、导流堤、丁坝、潜坝、护岸等。

专门建筑物是指为水力发电、过坝、量水而专门修建的建筑物，如调压室、电站厂房、船闸、升船机、筏道、鱼道、各种量水堰等。

需要指出的是，有些建筑物的作用并非单一，在不同的状况下，有不同的功能。如护河闸既可挡水又可泄水；泄洪洞既可泄洪又可引水。

（二）水工建筑物的特点

1.工作条件复杂

水工建筑物在水中工作，由于受水的影响，其工作条件较复杂。主要表现在以下几个方面：一是水工建筑物将受到静水压力、风浪压力、冰压力等推力作用，会对建筑物的稳定性产生不利影响；二是在水位差作用下，水将通过建筑物及地基向下游渗透，产生渗透压力和浮托力，可能产生渗透破坏而导致工程失事；三是对泄水建筑物，下泄水流集中且流速高，将对建筑物和下游河床产生冲刷，高速水流还容易使建筑物产生振动和空蚀破坏。

2.施工条件苦

水工建筑物的施工比其他土木工程困难和复杂得多，主要表现在以下几个方面：一是水工建筑物多在深山峡谷的河流中建设，必须进行施工导流；二是由于水利工程规模较大，施工技术复杂，工期比较长，且受截流、度汛的影响，工程进度紧迫，施工强度高、速度快；三是施工受气候、水文地质、工程地质等方面的影响较大，如冬雨季施工、地下水排水量多且时间长以及重大的、复杂的地质困难多等。

3.建筑物独特

水工建筑物的型式、构造及尺寸与当地的地形、地质、水文等条件密切相关。特别是地质条件的差异对建筑物的影响更大。由于自然界的千差万别，形成各式各样的水工建筑物，除一些小型渠系建筑物外，一般都应根据其独特性，进行单独设计。

4.与周围环境相关

水利工程既可以防止洪水灾害，也能发电、灌溉、供水。但同时其对周围自然环境和社会环境也会产生一定影响。工程的建设和运用将改变河道的水文和小区域气候，对河中水生生物和两岸植物的繁殖和生长产生一定影响，即对沿河的生态环境产生影响。另外，由于占用土地、开山破土、库区淹没等而必须迁移村镇及人口，会对人群健康、文物古迹、矿产资源等产生不利影响。

5.对国民经济影响巨大

水利工程建设项目规模大、综合性强，组成建筑物多。因此，水利工程建设项目本身的投资巨大，尤其是大型水利工程，大坝高、库容大，担负着防洪、发电、供水等重要任务。但是需要指出的是，这些项目一旦出现堤坝决溃等险情，将对下游工农业生产造成极大损失，甚至对下游人民群众的生命财产带来灭顶之灾。所以，我们必须高度重视主要水工建筑物的安全性。

（三）水利工程等级划分

为了使水利工程建设既安全又经济，遵循水利工程建设的基本规律，我们应对规模、效益不同的水利工程进行区别对待。

1.水利工程分等

根据《水利水电工程等级划分及洪水标准》规定，水利工程按其工程规模、效益及在国民经济中的重要性划分为五个等级。对综合利用的水利工程，当按其不同项目的分等指标确定的等别不同时，其工程的等别应按其中最高等别确定。

2.水工建筑物分级

水利工程中长期使用的建筑物称之为永久性建筑物；在施工及维修期间使用的建筑物称临时性建筑物。在永久性建筑物中，起主要作用及失事后影响很大的建筑物称主要建筑物，否则称次要建筑物。水利水电工程的永久性水工建筑物的级别应根据工程的等级及其重要性来确定。

对失事后损失巨大或影响十分严重的（2到4级）主要永久性水工建筑物，经过论证并报主管部门批准后，其标准可提高一级；失事后损失较轻的主要永久性建筑物，经论证并报主管部门批准后，可降低一级标准。

临时性挡水和泄水的水工建筑物的级别，应根据其规模和保护对象、失事后果、使用年限确定其级别。

不同级别的水工建筑物在以下几个方面应有不同的要求：一是抗御洪水能力，如建筑物的设计洪水标准、坝（闸）顶安全超高等；二是稳定性及控制强度，如建筑物的抗滑稳定性、强度安全系数，混凝土材料的变形及裂缝的控制要求等；三是建筑材料的选用，如不同级别的水工建筑物中选用材料的品种、质量、标号及耐久性等。

二、水资源与水利工程

（一）水与水资源

1.水的作用

在地球表面上，从浩瀚无际的海洋、奔腾不息的江河、碧波荡漾的湖泊，到白雾皑皑的冰山，到处都蕴藏着大量的水。水是地球上最为普通也是至关重要的一种天然物质。

（1）水是生命之源

水是世界上所有生物生命的源泉。考古研究表明，人类自古就是逐水而徙，择水而居，因水而兴。人类发展史与水是密不可分的。

（2）水是农业之本

水是世间各种植物生长不可或缺的物质。在农业生产中，水更是至关重要，正如俗话所说："有收无收在于水，多收少收在于肥。"一般植物绿叶中，水的含量占80%左右，苹果的含水量甚至达到85%。水不但是植物的主要组成部分，也是植物的光合作用和维持其生命活动的必需物质。在现代农业生产中，对灌溉的依赖程度更高，农业灌溉用水量巨大。据统计，当今世界，农业灌溉用水量占世界总用水量的65% ~ 70%。因此，农业灌溉节水具有广泛而深远的意义。

（3）水是工业的血液

水在工业上的用途非常广泛，从电力、煤炭、石油、钢铁生产，到造纸、纺织、酿造、食品、化工等行业，各种工业产品均需要大量的水。如炼1吨钢或石油，需水200吨；生产1吨纸需水约250吨；而生产1吨人造纤维，则需耗水1500吨左右。在某些工业生产中，水是不可替代的物质。

2.水资源

在人类的创造与发展中，水资源发挥着重要作用。所以人们认识到，水是人类赖以生存和发展的最基本的生产、生活资料。水是一种不可或缺、不可替代的自然资源；水是一种可再生的、有限的宝贵资源。

广义上的水资源，是指地球上所有能直接利用或间接利用的各种水及水中物质，包括海洋水、极地冰盖的水、河流湖泊的水、地下及土壤水。其总储量达13.86亿立方千米，其中海洋水约占97.47%。目前，这部分高含盐量的咸水，还很难直接用于工农业生产。陆地淡水存储量约为0.35立方千米，而能直接利用的淡水只有0.1065立方千米，这部分水资源常被称为狭义的水资源。一般来讲，当前可供利用或可能被利用，且有一定数量和可用质量，并在某一地区能够长期满足某种用途的并可循环再生的水源，称为水资源。

水资源是人类赖以生存和发展的物质条件。随着科学技术的进步和社会的发展，可利用的水资源范围将逐步扩大，水资源的数量也可能会逐渐增加。但是，其数量还是很有限的。同时，伴随人口增长和人类生活水平的提高，随着工农业生产的发展，对水资源的需求会越来越多，再加上水质污染和不合理开发利用，使水资源日渐贫乏，水资源紧缺现象也会更加突出。

（二）水利工程与水利事业

为防止洪水泛滥成灾，扩大灌溉面积，充分利用水能发电等，我们需采取各种工程措施对河流的大自然径流进行控制和调节。建设水利工程的首要任务是消除水旱灾害，防止大江大河的洪水泛滥成灾，保障广大人民群众的生命财产安

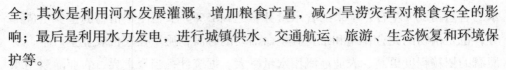

全；其次是利用河水发展灌溉，增加粮食产量，减少旱涝灾害对粮食安全的影响；最后是利用水力发电，进行城镇供水、交通航运、旅游、生态恢复和环境保护等。

1.防洪治河

洪水泛滥可使农业大量减产，工业、交通、电力等正常生产遭到破坏。严重时，则会造成农业绝收、工业停产、人员伤亡等。在水利上，常采取相应的措施控制和减少洪水灾害，一般主要采取以下几种工程措施及非工程措施：

（1）工程措施

拦蓄洪水控制泄量利用水库、湖泊的巨大库容，蓄积和滞留大量洪水，削减下泄洪峰流量，从而减轻和消除下游河道可能发生的洪水灾害。如1998年长江特大洪水，武汉关水位达到29.43m，是历史第二高水位，由于上游的隔河岩、葛洲坝等水库的拦洪、错峰作用，缓解洪水对荆江河段及下游的压力，减小了洪水灾害的损失。在利用水库来蓄洪水的同时，还应充分利用天然湖泊的空间，围积蓄滞洪水，降低洪水位。当前，由于长江等流域的天然湖泊的面积减少，使湖泊蓄滞洪水的能力降低。1998年后，对湖面日益减少的洞庭湖、鄱阳湖等天然湖泊，提出退田还湖，这对提高湖泊行洪纳洪滞洪功能和推行人水和谐相处的治水方略具有积极作用。另外，拦蓄的洪水还可以用于枯水期时的灌溉、发电等，提高水资源的综合利用效益。

疏通河道，提高行洪能力。对一般的自然河道，由于冲淤变化，常常使其过水能力减小，因此应经常对河道进行疏通清淤和清除障碍物，保持足够的断面，保证河道的设计过水能力。近年来，由于人为随意侵占河滩地，形成阻水障碍、壅高水位，威胁堤防安全甚至造成漫堤等洪水灾害。

（2）非工程措施

蓄滞洪区分洪减流。利用有利地形，规划分洪（蓄滞洪）区；在江河大堤上设置分洪闸，当洪水超过河道行洪能力时，将一部分洪水引入蓄滞洪区，减小主河道的洪水汛力，保障大堤不决口。通过全面规划，合理调度，总体上可以减小洪水灾害损失，可有效保障下游城镇及人民群众的生命、财产安全。

加强水土保持，减小洪峰流量和泥沙淤积。地表草丛、树木可以有效拦阻雨水，减缓坡面上的水流速度，减小洪水流量和延缓洪水形成时间。另外，良好的植被还能防止地表土壤的水土流失，有效减少水中泥沙含量。因此，水土保持对减小洪水灾害有明显效果。

建立洪水预报、预警系统和洪水保险制度。根据河道的水文特性，建立一套自动化的洪水预测、预报信息系统。根据及时准确的降雨、径流量、水位、洪峰等信息的预报预警，可快速采取相应的抗洪抢险措施，减小洪水灾害损失。另外，我国应参照国外经验，利用现代保险机制，建立洪水保险制度，分散洪水灾害的风险和损失。

2.农田水利

在我国的总用水量中约70%的是农业灌溉用水。农业现代化对农田水利提出了更高的要求，一是通过修建水库、泵站、渠道等工程措施提高农业生产用水保障水平；二是利用各种节水灌溉方法，按作物的需求规律输送和分配水量。补充农田水分不足，改变土壤的养料、通气等状况，进一步提高粮食产量。

3.水力发电

水能资源是一种洁净能源，具有运行成本低、不消耗水量、环保生态、可循环再生等特点，是其他能源无法比拟的。水力发电是指在河流上修建大坝，拦蓄河道来水，抬高上游水位并形成水库，集中河段落差获得水头和流量。将具有一定水头差的水流引入发电站厂房，推动水轮机转动，水轮机带动同轴的发电机组发电。然后，通过输变电线路，将电能输送到电网的用户。

4.城镇供、排水

城市化的快速发展使我国的城镇生活供水和工业用水的数量、质量要求不断提高，城市供水和用水矛盾日益突出。由于供水水源不足，一些重要城市只好进行跨流域引水，如引滦入津、引碧入连、京密引水、引黄济青等工程。由于城市地面硬化率高，当雨水较大时，在城镇的一些低洼处，容易形成积水，如不及时排放，则会影响生产及人民群众的正常生活。因此，城市降雨积水和渍水的排放，是城市防洪的一部分，必须高度重视。

5.航运及渔业

自古以来，人类就利用河道进行水运。如全长1794km，贯通浙江、江苏、山东、河北、北京的大运河，把海河、淮河、黄河、长江、钱塘江等流域连接起来，形成一个从杭州到北京的水运网络，在古代，京杭大运河是南北交通的主动脉，为南北方交流和沿岸经济繁荣做出了巨大贡献。

对内河航运而言，要求河道水深、水位比较稳定，水流流速较小。必要时应采取工程措施，进行河道疏浚，修建码头、航标等设施。当河道修建大坝后，船只不能正常通行，需修建船闸、升船机等建筑物，使船只顺利通过大坝：如三峡工程就修建了双线五级船闸及升船机，可同时使万吨客轮及船队过坝，保证长江的正常通航。

由于水库大坝的建设，改变了天然的水文状态，破坏了某些洄游性鱼类的生存环境。因此，需采取一定的工程措施，帮助鱼类生存、发展，防止其种群的减少和灭绝：常用的工程措施有预留鱼道、建设鱼闸等。

6.水土保持

由于人口的增加和人类活动的影响，地球表面的原始森林被大面积砍伐，天然植被遭到破坏，水分涵养条件差，降雨时雨水直接冲蚀地表土壤，造成地表土壤和水分流失。这种现象我们称为水土流失。

水土流失可把地表的肥沃土壤冲走，使土地贫瘠，形成丘陵沟壑，减少产量乃至不能耕种而雨水集中且很快流走，往往形成急骤的山洪，随山洪而下的泥沙则淤积河道和压占农田，还易形成泥石流等地质灾害。

为有效防止水土流失，则应植树种草、培育有效植被，退耕还林还草，合理利用坡地相结合修建埂坝、蓄水池等工程措施，进行以水土保持为目的的综合治理。

7.水污染及防治

水污染是指由于人类活动，排放污染物到河流、湖泊、海洋的水体中，使水体的有害物质超过水体的自身净化能力，使水体的性质或生物群落组成发生变化，降低了水体的使用价值和原有用途。

水污染的原因很复杂，污染物质较多，一般有耗氧有机物、难降解有机物、植物性营养物、重金属、无机悬浮物、病原体、放射性物质、热污染等。污染的类型有点污染和面污染等。

水污染的危害严重并影响久远。轻者造成水质变坏，不能饮用或灌溉，水环境恶化，破坏自然生态景观；重者造成水生生物、水生植物灭绝，污染地下水，城镇居民饮水危险，而长期饮用污染水源，会造成人体伤害，染病致死并遗传后代。

水污染的防治任务艰巨，第一是全社会动员，提高对水污染危害的认识，自觉抵制污染水的一切行为，全社会、全民、全方位控制水污染。第二是加强水资源的规划和水源地的保护，预防为主、防治结合。第三是做好对废水的处理和应用，废水利用、变废为宝，花大力气采取切实可行的污水处理措施，真正做到达标排放，造福后代。

8.水生态及旅游

（1）水生态

水生态系统是天然生态系统的主要部分——维护正常的水生生态系统，可使水生生物系统、水生植物系统、水质水量、周边环境良性循环。一旦水生态遭到破坏，其后果是非常严重的，其影响是久远的。水生态破坏后的主要现象为：水质变色变味，水生生物、水生植物灭绝；坑塘干涸、河流断流；水土流失，土地荒漠化；地下水位下降，沙尘暴增加等。

水利水电工程建设，对自然生态具有一定的影响。建坝后河流的水文状态发生一定的改变，可能会造成河口泥沙淤积减少而加剧侵蚀，污染物滞留，改变水质，库区水深增加，水面扩大，流速减小，产生淤积。水库蒸发量增加，对局部小气候有所调节，筑坝对洄游性鱼类影响较大，如长江中的中华鲟、胭脂鱼等。在工程建设中，应采取一些可能的工程措施（如修建鱼道、鱼闸等），尽量减小对生态环境的影响。

另外，水库移民问题也会对社会产生一定的影响，由于农民失去了土地，迁移到新的环境里，生活、生产方式发生变化，如解决不好，也会引起一系列社会问题。

（2）水与旅游

自古以来，水环境与旅游业一直有着密切的联系，从湖南的张家界、黄果树瀑布、桂林山水、长江三峡、黄河壶口瀑布、杭州西湖区，到北京的颐和园以及哈尔滨的冰雪世界，无不因水而美丽纤秀，因水而名扬天下。清洁、幽静的水环境可造就秀丽的旅游景观，给人们带来美好的精神享受，水环境是一种不可多得的旅游、休闲资源。

水利工程建设，可造就一定的水环境，形成有山有水的美丽景色，营造新的旅游景点。如浙江新安江水库的千岛湖、北京的青龙峡等。但如处理不当，也会破坏当地的水环境，造成自然景观乃至旅游资源的恶化和破坏。

第二节　水利工程的建设、发展与管理

一、水利工程的建设与发展

（一）我国古代水利建设

几千年来，广大劳动人民为开发水利资源，治理洪水灾害，发展农田灌溉，进行了长期大量的水利工程建设，积累了宝贵的经验，建设了一批成功的水利工程。大禹用堵、疏结合的办法治水获得成功，并有"三过家门而不入"的佳话流传于世。我国古代建设的水利工程很多，下面本书主要介绍几个典型的工程。

1.四川都江堰灌溉工程

两千多年前，秦蜀郡守李冰率众修建都江堰水利工程，屹立两千多年一直在发挥巨大作用和功效，这与历代都江堰的修缮者和拓展者的勤政廉洁不可分。都江堰坐落在四川省都江堰市的岷江上，是当今世界上历史最长的无坝引水工程。公元前250年，由秦代蜀郡太守李冰父子主持兴建，历经各朝代维修和管理，其主体现基本保持历史原貌；虽经历2000多年的使用，至今仍是我国灌溉面积最大的灌区，达1000多万亩。

都江堰工程巧妙地利用了岷江出山口处的地形和水势，因势利导，使堤防、分水、泄洪、排沙相互依存，共为一体。孕育了举世闻名的"天府之国"枢纽主要由鱼嘴、飞沙堰、宝瓶口、金刚堤、人字堤等组成。鱼嘴将岷江分成内江和外江，合理导流分水，并促成河床稳定飞沙堰是内江向外江溢洪排沙的坝式建筑物，洪水期泄洪排沙，枯水期挡水，保证宝瓶口取水流量。宝瓶口形如瓶颈，是人工开凿的窄深型引水口，既能引水，又能控制水处于河道凹岸的最下方，符合无坝取水的弯道环流原理，引水不引沙。2000多年来，工程发挥了极大的社会效益和经济效益，史书上记载，"水旱从人，不知饥馑，时无荒年，天下谓之天府也"。中华人民共和国成立后，对都江堰灌区进行了维修、改建，增加了一些闸坝和堤防，扩大了灌区的面积，现正朝着可持续发展的特大型现代化灌区迈进。

2.灵渠

灵渠位于广西兴安县城东南，建于公元前214年。灵渠将湘水和漓江迂回贯通，进而连通了长江和珠江两大水系，其背后所展现的不仅是闪光的人类智慧，还有穿越时空的文化魅力。灵渠由大天平、小天平、南渠、北渠等建筑物组成，大、小天平为高3.9m长近500m的拦河坝，用以抬高湘江水位，使江水流入南、北渠（漓江），多余洪水从大小天平顶部溢流进入湘江原河道大、小天平用龟鳞石结构砌筑，抗冲性能好。整个工程，顺势而建，至今保存完好。灵渠与都江堰一南一北，异曲同工，相互媲美。

另外，还有陕西引泾水的郑国渠，安徽寿县境内的芍陂灌溉工程，引黄河水的秦渠、汉渠，河北的引漳十二渠等。这些古老的水利工程都取得过良好的社会效益和巨大的经济效益，有些工程至今仍在发挥作用。

（二）现代水利工程建设

自20世纪50年代以后，我国的水利事业得到了空前的发展。在"统一规划、蓄泄结合、统筹兼顾、综合治理"的方针指导下，全国的水资源得到了合理有序的开发利用，经过50多年的艰苦奋斗，我国水利工程建设取得了巨大的成就，其主要表现在以下几个方面：

1.大江大河的治理

黄河是中华民族的母亲河，其水患胜于长江。中华人民共和国成立以来，在黄河干流上修建了龙羊峡、刘家峡、青铜峡、万家寨、三门峡、小浪底等大型拦蓄洪水的水库工程，并加固了黄河下游大堤，保证了黄河"伏秋大汛不决口，大河上下保安澜"。

对淮河进行了大力整治，兴建了佛子岭、梅山、响洪甸等一批水库和三河闸等排滞洪工程，并在2003年新修了淮河入海通道。使淮河流域"大雨大灾、小雨小灾、无雨旱灾"的局面得到彻底的改变。自1963年海河流域大洪水后，开始了对海河流域的治理，通过上游修水库，中游建防洪除涝系统，下游疏畅和新增入海通道，根治了海河流域的洪水涝灾。2020至2022年国家将推进150项重大水利工程建设，主要包括防洪减灾、水资源优化配置、灌溉节水和供水、水生态保护修复、智慧水利五大类，总投资1.29万亿元。随着全国防汛进入"七下八上"阶段，长江流域中上游地区降雨仍然偏多，黄河中上游、海河、松花江、淮河流域可能发生较重汛情，防汛形势复杂严峻，更加凸显水利工程建设的重大意义。在长江上游的支流上，建成了安康、丹江口、乌江渡、东江、汉江、隔河岩、二滩等一大批骨干防洪兴利工程，并在长江干流上修建了葛洲坝和三峡水电工程，整治加固了荆江大堤，使长江中、下游防洪能力由原来的10年一遇提高到500年一遇的标准。

同时，我国对珠江流域、东北三江流域等大江大河也进行了综合治理，使其防洪标准大为提高。2021年9月10日，全国已建成各类水库9.8万多座、总库容8983亿立方米，各类河流堤防43万千米，开辟国家蓄滞洪区98处、容积达1067亿立方米，基本建成了江河防洪、城乡供水、农田灌溉等水利基础设施体系，为全面建成小康社会提供了坚实支撑。

2.水电建设

从20世纪60年代建设新安江水电站开始，我国建设了一批大型水电骨干工程，水电的装机容量和单机容量越来越大。其中装机1000MW以上的大型水电站20多座，如三峡水电站，单机容域700MW，总装机容量18200MW，是当今世界上最大的水力发电站。

我国开发建设十大水电基地，开发西部及西南地区丰富的水电资源，进行西电东送，将大大缓解华南、华东地区电力紧缺的矛盾，为我国经济可持续发展提供强有力的能源支撑。我国水电建设取得巨大成就，主要体现在以下五个方面：

（1）技术水平跻身国际前列。200米级、300米级高坝等技术指标均刷新行业纪录；大坝工程、水工建筑物抗震防震、复杂基础处理、高边坡治理、地下工程施工等关键技术达到国际领先水平；混凝土浇筑强度、防渗墙施工深度等多项指标创造世界之最。

（2）水电装备制造世界领先。常规水电机组和抽水蓄能机组设计制造能力、金属结构设备制造技术、高压输电技术等均处于世界领先水平。率先进入百万千瓦机组研发应用的无人区，实现了水电核心装备制造技术从跟跑、并跑到领跑的跨越式发展。

（3）综合利用效益普惠民生。水电建设为我国社会可持续发展提供了大量优质清洁能源，中华人民共和国成立以来我国水电累计发电量约为17.5万亿千瓦时，相当于替代标准煤52.5亿吨，减少二氧化碳排放约140亿吨。同时，水电站的经济、社会、生态综合效益显著，在防洪、拦沙、改善通航条件、水资源综合利用和河流治理、生态环境保护、带动地方经济发展等方面发挥了巨大作用，为护佑江河安澜、人民幸福提供有力保障。

（4）产业能力快速提升。我国水电行业积极服务国家发展战略，已具备投资、规划、设计、施工、制造及运营管理的全产业链能力，成为中国走向世界的一张名片。目前，中国水电国际业务遍及全球140多个国家和地区，参与建设的海外水电站约320座，总装机容量达到8100万千瓦，占据海外70%以上的水电建设市场份额。

（5）水电标准体系完备。结合国家科技重大专项和企业投入的重大基金支持，立足世界水电前沿，解决行业发展中的一系列重大科学技术问题，逐步将其转化为技术标准，形成了比较完善的水电技术及标准体系。

（三）我国水利事业的发展前景

1.我国水利水电建设前景远大

随着我国现代化建设进程的加快和社会经济实力的不断提高，我国的水利水电建设将迎来一个快速发展的阶段。西部大开发战略的实施，西南地区的水电能源将得以开发，并通过西电东送，使我国的能源结构更趋合理。

为了有效控制大江大河的洪水，减轻洪涝灾害，开发水利水电资源，将建设一批大型水利水电枢纽工程。可以预见，在掌握高拱坝、高面板堆石坝、碾压混凝土坝等建坝新技术的基础上，在建设三峡、二滩、小浪底等世界特大型水利水电工程经验的指导下，我国将建设一批水平更高、更先进的水电工程。

2.人水和谐相处

为进一步搞好水利水电工程建设，在总结过去治水经验，深入分析研究当前社会经济发展需求的基础上，要更新观念，从工程水利向资源水利转变，从传统水利向现代水利转变，树立可持续发展观，以水资源的可持续利用保障社会经济的可持续发展。

要转变对水及大自然的认识，在防止水对人类侵害的同时，也应注意人对水的侵害，人与自然、人与水要和谐共处。社会经济发展，要与水资源的承载力相协调。水利发展目标要与社会发展和国民经济的总体目标结合，水利建设的规模和速度要与国民经济发展相适应，为经济和社会发展提供支撑和保障条件。应客观地根据水资源状况确定产业结构和发展规模，并通过调整产业结构和推进节约用水，来提高水资源的承载能力。使水资源的开发利用既满足生产、生活用水，也充分考虑环境用水、生态用水，真正做到计划用水、节约用水、科学用水。

要提高水资源的利用效率，进行水资源统一管理，促进水资源优化配置。不论是农业、工业，还是生活用水，都要坚持节约用水，高效用水。真正提高水资源的利用水平，要大力发展节水灌溉，发展节水型工业，建设节水型社会。逐步做到水资源的统一规划、统一调度、统一管理。统筹考虑城乡防洪、排涝灌溉、蓄水供水、用水节水、污水处理、中水利用等涉水问题，真正做到水资源的高效综合利用。

需确立合理的水价形成机制，利用价格杠杆作用，遵循经济发展规律，实行水权交易、水权有偿占有和转让，逐步形成合理的水市场。促进水资源向高效率、高效益方面流动，使水资源最大限度地得到优化配置。

二、水利工程建设程序及管理

（一）水利工程建设程序

1.建设程序及作用

工程项目建设程序是指，工程建设的全过程中，各建设环节及其所应遵循的先后次序法则。建设程序是多年工程建设实践经验、教训的总结，是项目科学决策及顺利实现最终建设目标的重要保证。

建设程序反映工程项目自身建设、发展的科学规律，工程建设工作应按程序规定的相应阶段，循环渐进逐步深入地进行。建设程序的各阶段及步骤不能随意颠倒和违反，否则，将可能造成不利的严重后果。

建设程序是为了约束建设者的随意行为，对缩短工程的建设工期，保证工程质量，节约工程投资，提高经济效益和保障工程项目顺利实施，具有一定的现实意义。

另外，建设程序对加强水利建设市场管理，进一步规范水利工程建设行为，推进项目法人责任制、建设监理制、招标投标制的实施，促进水利建设实现经济体制和经济增长方式的两个根本性转变，具有积极的推动作用。

2.我国水利工程建设程序及主要内容

对江河进行综合开发治理时，首先根据国家（区域、行业）经济发展的需要确定优先开发治理的河流。然后，按照统一规划、综合治理的原则，对选定河流进行全流域规划，确定河流的梯级开发方案，提出分期兴建的若干个水利工程项目。规划经批准后，方可对拟建的水利枢纽进行进一步建设。

按我国《水利工程建设项目管理规定》，水利工程建设程序一般分为：项目建议书、可行性研究报告、设计阶段、施工准备（包括招标设计）、建设实施、生产准备、竣工验收、项目后评价等阶段。

（1）项目建议书

项目建议书应按照国民经济和社会发展规划、流域综合规划、区域综合规划、专业规划，按照国家产业政策和国家有关投资建设方针进行编制，是对拟进行建设项目提出的初步说明。项目建议书的编制一般委托有相应资质的工程咨询或设计单位承担。

（2）可行性研究报告

可行性研究报告，由项目法人组织编制。经过批准的可行性研究报告，是项目决策和进行初步设计的依据。

可行性研究的主要任务是根据国民经济、区域和行业规划的要求，在流域规划的基础上，通过对拟建工程的建设条件做进一步调查、勘测、分析和方案比较等工作，进而论证该工程在近期兴建的必要性、技术上的可行性及经济上的合理性。

可行性研究的工作内容和深度是基本选定工程规模；选定坝址；初步选定基本坝哨和枢纽布置方式；估算出工程总投资及总工期；对工程经济合理性和兴建必要性做出定档定性评价。该阶段的设计工作可采用简略方法，成果必须具有一定的可靠性，以利于上级主管部门决策。

可行性研究报告的审批按国家现行规定的审批权限报批申报项目可行性研究报告，必须同时提出项目法人组建方案及运行机制、资金筹措方案、资金结构及回收资金的办法，并依照有关规定附具有管辖权的水行政主管部门或流域机构签署的规划同意书、对取水许可预申请的书面审查意见。审批部门要委托有项目相应资格的工程咨询机构对可行性研究报告评估，并综合行业归口主管部门、投资

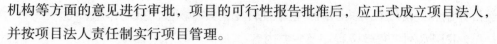

机构等方面的意见进行审批，项目的可行性报告批准后，应正式成立项目法人，并按项目法人责任制实行项目管理。

（3）设计阶段

第一，初步设计。根据已批准的可行性研究报告和必要的设计基础资料，对设计对象进行通盘研究，确定建筑物的等级；选定合理的坝址、枢纽总体布置、主要建筑物样式和控制性尺寸；选择水库的各种特征水位；选择电站的装机容量，电气主接线方式及主要机电设备；提出水库移民安置规划；选择施工导流方案和进行施工组织设计；编制项目的总概算。初步设计报告应按照《水利水电工程初步设计报告编制规程》的有关规定编制；初步设计文件报批前，应由项目法人委托有关专家进行咨询，设计单位根据咨询论证意见，对初步设计文件进行补充、修改、优化。初步设计按国家现行规定权限向主管部门申报审批。经批准后的初步设计文件主要内容不得随意修改、变更，并作为项目建设实施的技术文件基础。如有重要修改、变更，须经原审批机关复审同意。

第二，技术设计或招标设计。对重要的或技术条件复杂的大型工程，在初步设计和施工详图设计之间增加技术设计。其主要任务是：在深入细致的调查、勘测和试验研究的基础上，全面加深初步设计的工作，解决初步设计尚未解决或未完善的具体问题，确定或改进技术方案，编制修正概算。技术设计的项目内容同初步设计，只是更为深入详尽。审批后的技术设计文件和修正概算是建设工程拨款和施工详图设置的依据。

第三，施工详图设计。该阶段的主要任务是：以经过批准的初步设计或技术设计为依据，最后确定地基开挖、地基处理方案，进行细节措施设计；对各建筑物进行结构及细部构造设计，并绘制施工详图；进行施工总体布置及确定施工方法，编制施工进度计划和施工预算等。施工详图预算是工程承包或工程结算的依据。

（4）施工准备阶段

项目在主体工程开工之前，必须完成各项施工准备工作，其主要内容包括：施工现场的征地、移民、拆迁；完成施工用水、用电、通信、道路和场地平整等工程；建设生产、生活必需的临时建筑工程；组织监理、施工、设备和物资采购招标等工作；择优确定建设监理单位和施工承包队伍。

工程项目必须满足以下条件，施工准备方可进行：初步设计已经批准；项目法人已经确立；项目已列入国家或地方水利建设投资计划，筹资方案已经确定；有关土地使用权已经批准；已办理报建手续。

（5）建设实施阶段

建设实施阶段是指主体工程的建设实施，项目法人按照批准的建设文件，组织工程建设，保证项目建设目标的实现。

项目法人或其代理机构必须按审批权限，向主管部门提出主体工程开工申请报告，经批准后，主体工程方能正式开工。主体工程开工须具备的条件是：前期工程各阶段文件已按规定批准，施工详图设计可以满足初期主体工程施工需要；现场施工准备和征地移民等建设外部条件能够满足主体工程开工需要。

按市场经济机制，实行项目法人责任制，主体工程开工还须具备以下条件：项目法人要充分授权监理工程师，使之独立负责项目的建设工期、质量、投资的控制和现场施工的组织协调。要按照"政府监督、项目法人负责、社会监理、企业保证"的要求，建立健全质量管理体系。重大建设项目，还必须设立项目质量监督站，行使政府对项目建设的监督职能水利工程的兴建必须遵循先勘测、后设计，在做好充分准备的情况下再施工的建设程序，否则很可能会设计失误，造成巨大经济损失，乃至灾难性的后果。

（6）生产准备阶段

生产准备应根据不同工程类型的要求确定，一般应包括如下主要内容：

第一，生产组织准备，建立生产经营的管理机构及相应管理制度；招收和培训人员。按生产运营的要求，配备生产管理人员。

第二，生产技术准备，主要包括技术资料的汇总、运行技术方案的制定、岗位操作规程制定和新技术准备。

第三，生产物资准备，主要是落实投产运营所需要的原材料、协作产品、工器具、备品备件和其他协作配合条件的准备。

第四，运营销售准备，及时具体落实产品销售协议的签订，提高生产经营效益，为偿还债务和资产的保值增值创造条件。

（7）竣工验收

竣工验收是工程完成建设目标的标志，是全面考核基本建设成果、检验设计和工程质量的重要步骤。竣工验收合格的项目即从基本建设转入生产或使用。

当建设项目的建设内容全部完成，并经过单位工程验收、完成竣工报告、竣工决算等文件后，项目法人向主管部门提出申请，根据相关验收规程，组织竣工验收。

竣工决算编制完成后，须由审计机关组织竣工审计，其审计报告作为竣工验收的基本资料。另外，工程规模较大、技术较复杂的建设项目可先进行初步验收。

（8）项目后评价

建设项目经过1~2年生产运营后，进行系统评价称项目后评价。它主要包括以下内容：一是影响评价，项目投产后对政治、经济、生活等方面的影响进行评价；二是经济效益评价，对国民经济效益、财务效益、技术进步和规模效益等进行评价；三是过程评价，对项目的立项、设计、施工、建设管理、生产运营等全过程进行评价。

项目后评价一般按三个层次组织实施，即项目法人的自我评价、项目行业的评价、计划部门（或主要投资方）的评价。

项目后评价工作必须遵循客观、公正、科学的原则，做到分析合理、评价公正。通过项目后评价，可以达到肯定成绩、总结经验、研究问题、吸取教训、提出建议、改进工作的目的。

（二）水利工程建设的管理

1.基本概念

（1）工程建设管理的概念

工程建设目标的实现，不仅要靠科学的决策、合理的设计和先进的技术及施工人员的努力工作，还要靠现代化的工程建设管理。

一般来讲，工程建设管理是指在工程项目的建设周期内，为保证在一定的约束条件下（工期、投资、质量），实现工程建设目标，而对建设项目各项活动进行的计划、组织、协调、控制等工作。

在工程项目建设过程中，项目法人对工程建设的全过程进行管理；工程设计单位对工程的设计、施工阶段的设计问题进行管理；施工企业仅对施工过程进行控制和管理。由业主委托的工程监理单位，按委托合同的规定，替业主行使相关的管理权利和相应义务。

（2）工程项目管理的特点

工程建设管理的特殊性主要表现在以下几个方面：

第一，工程建设全过程管理。建设项目管理从工程项目立项、可行性研究、规划设计、工程施工准备（招标）、工程施工到工程的后评价，涉及单位众多，经济、技术复杂，建设时间较短。

第二，项目建设的一次性。由于工程项目建设具有一次性特点，因此工程建设的管理也是一次性的不同的行业、规模、类型的建设项目，其管理内涵则有一定的区别。

第三，委托管理特性、企事业单位的管理是以自己管理为主，而建设项目的管理则可以委托专业性较强的工程咨询、工程监理单位进行管理。

（3）管理的职能工程项目

管理的职能和其他管理一样，主要包括以下几个方面：

第一，计划职能。计划是管理的首要职能，在工程建设每一阶段前，必须按工程建设目标，制订切实可行的计划。然后，按计划严格控制并按动态循环方法进行合理的调整。

第二，组织职能。通过项目组织层次结构及权力关系的设计，按相关合同协议、制度，建立一套高效率的组织保证体系，组织系统相关单位、人员，协同努力实现项目总目标。

第三，协调职能。协调是管理的主要工作，各项管理均需要协调。由于建设项目建设过程中各部门、各阶段、各层次存在大量的接合部，需要做大量的沟通、协调工作。

第四，控制职能。控制和协调联合、交错运用，按原计划目标，通过进度对比、分析原因、做出调整等对计划进行有效的动态控制。最后，使项目按计划达到设计目标。

2.工程项目管理的主要内容

（1）工程项目决策阶段

项目决策阶段，管理的主要内容包括：投资前期机会研究；根据投资设想提出项目建议书、项目可行性研究；项目评估和审批；下达项目设计任务书等。

（2）项目设计阶段

通过设计招标选择设计单位：审查设计步骤、设计出图计划、设计图纸质量等。

（3）项目的实施阶段

在项目实施阶段，管理内容主要包括以下内容：一是工程资金的筹集及控制；二是工程质量监督和控制；三是工程进度的控制；四是工程合同管理及索赔；五是工程建设期间的信息管理；六是设计变更、合同变更以及对外、对内的关系协调等。

（4）项目竣工验收及生产准备阶段

在项目竣工验收及生产准备阶段，管理内容主要包括以下几项：一是项目竣工验收的资料整编及管理；二是竣工验收的申报及组织竣工验收；三是试生产的各项准备工作，联动试车的问题及处理等。

第三节　基于可持续发展观的水利建设项目创新后评价

一、基于可持续发展的项目评价理论

评价就是评价者对评价对象的属性与评价需要之间价值关系的反映活动。项目评价的主体是人，因而在评价时，为了项目的可持续性以及与区域的协调可持续发展，人类必须树立可持续发展的价值观。

（一）基于可持续发展的项目评价理论基础

可持续发展是国家经济发展的关键性战略目标。可持续发展是一个涉及经济、社会、文化、技术及自然环境的动态的综合概念，主要包括自然资源与生态环境的可持续发展、经济的可持续发展和社会的可持续发展三个方面。可持续发展应该做到以下三点：一是以自然资源的可持续利用和良好的生态环境为基础，二是以经济可持续发展为前提，三是以社会的全面进步为目标。只要项目在每一段时间内都能保持资源、经济、社会同环境的协调，那么项目的发展就符合可持续发展的要求，可持续发展不仅仅是经济问题，也不仅仅是社会和生态问题，而是三者相互影响的综合体。

基于可持续发展的项目评价理论的建立与完善，主要沿着四个方向研究：经济学方向、社会学方向、生态学方向、系统学方向。

经济学方向是以项目开发与区域、生产力布局、经济结构优化、物资供需平衡等作为基本内容，该方向的一个集中点，是力图把"科技进步贡献率抵消或克服投资的边际效益递减率"，作为衡量项目可持续发展的重要指标和基本手段。

社会学方向是力图把"经济效率与社会公正取得合理的平衡"，作为项目的重要判断依据和基本手段。

生态学方向是把生态平衡、自然保护、资源环境的永续利用等作为基本内容，集中点是力图把"环境保护与经济发展之间取得合理的平衡"，作为项目的重要指标和基本原则。

系统学方向是以综合协同的观点，去探索项目与社会发展的关系，将项目置身于社会中，形成项目有利于促进社会的经济、环境、社会三个方面的平衡和可持续发展。

（二）基于可持续发展的项目评价准则

传统的项目决策原则是在收益和风险之间权衡的结果，竞争性项目的决策依据是财务评价结果，如果财务净现值、内部收益率等指标理想，技术可行，则项目可行。非竞争项目的决策依据是经济评价结果，经济评价的结果指标较理想，技术可行，符合国家或者地区的政策，则项目可行。虽然在评估中也包括社会影响评价和环境影响评价，但只是作为"软指标"来考虑，一般对于决策的影响不大。

可持续发展就是综合调控"经济、社会、自然"三维结构的复合系统，以期实现世世代代的经济繁荣、社会公平和生态安全。可持续发展的目标是：经济繁荣、社会公平和生态安全。可持续发展的研究一般是针对国家或者区域来说的，但是项目是经济发展的最基本单位，项目特别是大型的项目对于区域甚至国家的可持续发展都具有很大的影响，所以对项目进行投资时也要充分考虑项目对于区域的可持续发展的影响问题，对项目进行决策时也要遵循可持续发展的三个目标，即经济繁荣、社会公平、生态安全。这就要求决策要有利于可持续发展的目标，要充分考虑经济、社会、环境三个方面的影响，并把这三个方面都作为决策的依据，投资决策的目标是达到三个方面综合效益最大化。在经济方面，要突出经济的增长、效用的持续性；在环境方面，要突出环境的不可逆性；在社会方面，侧重难以量化的非物质指标，要突出社会公平、公正，强调民族、社会性别、弱势群体的敏感性。按照可持续发展准则，对建设项目开展评价是从单项、单属性评价向多维、多层次的综合评价方向转变，对项目投资在区域经济发展、社会进步、资源利用、环境保护等方面带来的影响进行综合分析，保证项目在促进经济增长的同时，不损害社会公平和公众利益；不以环境的破坏和恶化为代价，保证不可再生资源的优化使用和可再生资源的永续利用，努力维护生态环境的可持续性。

（三）基于可持续发展的项目后评价理论

项目后评价是对已经完成项目的目的、执行过程、效益、作用和影响所进行的系统的、客观的分析。项目后评价的开展本身就是一种可持续发展的思想，项目后评价的评价内容、方法的研究和指标的选择都要基于可持续发展理念进行。可持续发展作为一种新的发展观，最根本的含义是"在满足当代人需要的同时，不损害后代人满足其发展的需要"，是把人类社会的发展目标（经济发展目标和社会发展目标）建立在生态可持续基础上的一种发展模式，它是自然、经济、社会复合系统的持续、稳定、健康地发展，它具有三大基本属性：时空性、和谐性、循环性；提倡从五大关系（人地关系、人际关系、代际关系、区际关系、国际关系）、三大效益（社会效益、经济效益、生态效益）、三大文明（生态、物质、精神文明）的角度考察社会的发展、进步。后评价的各单项内容也要基于可持续发展的观念。

1.过程评价的控制性

可持续发展观要求过程后评价要具有动态控制作用。对项目进行设计、规划、立项决策后评价时，要评价项目决策过程中是否遵循可持续发展原则，项目的开展建设是否符合可持续的三大特征：发展、协调、可持续性，即项目的建设是否有利于经济的发展；项目的建设是否符合经济、社会、生态的协调，不能让经济的发展以牺牲生态环境为代价，也不能牺牲社会的代内公平性为代价；项目的建设是否考虑了代际间的分配，不能以牺牲后代人的资源为代价。对项目进行实施过程后评价时，要评价项目在建设实施过程中对于生态环境的一些破坏和对于人的干扰是否是可恢复性的，使用的资源材料是否对生态环境不利。

2.经济效益的合理性

经济效益的合理性是指建设项目在充分承认并考虑整个生态环境价值与成本的前提下，保证生态资源持续利用和减轻环境污染，增加社会财富和福利的能力。经济的合理性要求建设项目必须以增加社会财富和福利为归宿，核算生态环境的全部价值与成本，通过提高资源利用程度和增加科学技术含量的途径，转变传统的生产模式与消费方式，将社会经济发展与保护环境有机地结合起来，建立经济与社会、资源、环境相互协调的可持续发展新模式。

3.社会影响的和谐性

项目的社会和谐性是指与投资项目有直接或间接利害关系，并对项目的成功与否有直接或间接影响的利益相关者之间的利益均衡关系。社会正义、公平是任何社会的基本价值观念和准则，建设项目在不对后代的生存基础和发展空间构成威胁的前提下，能逐步提升其目标群体的生活品质和不断丰富生活内容，在促进人口素质、文化教育、公众健康和社会公正等社会事业发展方面的贡献程度。

4.生态环境影响的相容性

生态环境影响的相容性是指建设项目与生态环境承载力之间关系的协调和相容程度，以及对生态环境资源永续利用的实现水平。可持续发展的资源观认为，整个生态环境都是资源，即不仅生态环境的各种物质性组成要素是资源，而且不同的生态环境状态也是资源，并且任何资源都是有限的。生态环境的相容性要求建设项目注重保护和恢复自然环境系统的平衡，提高资源利用率、扩大综合利用和循环利用，减轻和减缓项目的资源消耗给自然环境带来的承载压力。

5.工程创新的效益性

工程创新的效益性是把创新评价作为后评价的一项重要内容单独研究，是对可持续发展观的体现。经济可持续性的主要动力就是科技进步，科技进步机制使得经济效益提高，推动经济发展，提高经济效益水平；科技进步和创新还可以表现在节约资源的利用，对生态环境产生有利的作用。管理的创新可以提高项目建设和管理的效率，效率的提高有利于节约人力、物力、财力，有利于可持续发展；被其他

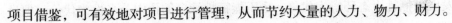

项目借鉴，可有效地对项目进行管理，从而节约大量的人力、物力、财力。

6.可持续性评价的指导性

可持续性评价充分体现了可持续发展的观念和思想。对项目进行后评价除了总结项目的经验教训之外，还要对项目的未来发展的影响因素进行分析，分析哪些因素有利于项目的可持续，哪些因素不利于项目的可持续性，充分调动有利因素，克服不利因素，从而推动项目的正常运行和进一步发展。

二、水利建设项目创新后评价的特点和原则

（一）水利建设项目创新的特点

对于企业的技术、制度创新来说，建设项目的创新具有很多不同点，为了能准确进行创新评价，首先要研究水利建设项目创新的特点。

1.创新的目的独特性

企业的技术创新大多是为了生产出自己的产品，利用其技术上的优势能在市场上具有一定的竞争力。建设项目的技术创新不是生产出产品推向市场，创新的目的是缩短工期、提高质量、节约成本等；或者有些技术创新并不具有经济效益，但是具有很强的社会效益和环境效益，这样的创新也值得研究和推广。所以我们在建设项目技术创新的评价中，不能把新技术新工艺的经济价值作为唯一的评价指标，而要根据创新的特点来判断。

2.创新的直接应用性

水利建设项目的创新，无论是技术创新、管理创新还是体制创新都在建设过程中直接被运用，其效果也会即时体现出来。新工艺、新设备和新的管理方法的采用在缩短工期、节约成本等方面的效果会很快体现，建设过程可以直接实现创新的效益。

3.创新一般采用联合方式

水利建设项目的创新一般是采用联合创新方式，跟科研院所、高校等进行联合开发创新。水利建设管理单位在规划设计时就会预测到一些可能遇到的技术问题，会组织相关专家、科研院所进行研究实验；还会根据项目的特点与咨询公司等进行管理方法和体制上的创新探讨。

4.创新的动态性

建设项目的技术创新的这个特点是由建设项目自身的性质决定的。水利建设项目需要解决的技术问题一部分是在建设开始就能够预见到的，从开发阶段和施工图设计阶段就开始组织人员研究，但是面临外部的建设环境是不同的、是在不断变化的，所以研究的新技术和新工艺也随之不断变化，具有动态的特点。水利建设项目技术创新的难度比较大，为了不耽误建设工期，就要求建设管理单位及时组织技术人员及专家进行技术上的研究，然后将研究成果直接运用到建设当中。

5.管理创新的协作性要求高

一项大的水利项目都包含了很多的单项工程，还有很多的配套工程，每个单项工程都由不同的建设单位来建设，直接、间接参与工程建设的单位或机构多，建设管理单位与周围上下各部门联系也很多。从横向看，各个单项工程之间具有不可分割的联系；从纵向看，一项工程具有连续性，一旦开工就不能中断，所以对工程各建设单位之间的协作要求高，要求建设管理单位处理好各个单位之间的协作。

（二）水利建设项目创新后评价的特点

1.多目标性

水利建设项目的创新包括观念创新、技术创新、管理方法创新、机制体制创新等不同的方面，对此我们都要进行评价分析。

2.效果直观性

水利建设的过程就是对创新的直接运用的过程，所以我们在评价的时候，创新的效益和效果已经显现出来。创新后评价并不是对创新的预测，而是通过对创新的使用效果评价来说明创新的价值。

3.反馈性

反馈性是后评价特点决定的，我们要评价出技术创新、管理创新和体制创新的效果，并把创新的评价结果反馈给相关的部门，看哪种创新的效益好，值得借鉴，并推广使用。

（三）水利建设项目创新后评价的原则

水利建设项目在规划、建设和运营管理过程中会产生不同种类的创新，不同的创新对于工程建设目标、社会和环境等产生不同的效果和影响，对其进行全面的评价是一项复杂的工作。在创新评价时，我们应该遵循以下原则：

1.全面与客观原则

水利建设项目创新会包括技术创新、管理创新、机制创新等不同类型的创新，我们在评价中要从项目的建设目标出发，全面考察分析这些创新对项目的成本、工期、质量所做的贡献，力求评价能客观地反映各种创新对项目的建设目标和社会经济各方面带来的有利影响和不利影响。在评价过程中所依据的数据资料应真实可靠，尽可能体现客观对象的真实面貌，得出的评价结论和总结的经验经得起推敲和检验，要有益于指导将来的水利建设项目的决策、规划、建设和管理工作。

2.适用与通用原则

水利建设项目包括很多种类，包括甲类和乙类两种类型，每种类型还有多种类型的项目。我们在这里不可能针对每种类型的项目的创新进行研究，但是要对创新的类型进行划分，对于不同的创新类型采用不同的评价方法，会尽量选用那些科学、可靠、适应性强、便于计算和推广的评价方法和评价指标。评价方法和指标既要适用水利建设项目创新，也为其他建设项目的创新评价奠定基础。

3.定量分析与定性分析相结合原则

定量分析是指对项目中能够直接或间接量化的效益指标进行定量计算和分析，比如一项技术创新的经济效益，而定性分析是对那些不易量化的间接或无形的影响指标进行分析评价，比如一项技术创新的社会效益、科技效益。对于机制创新和体制创新由于很难定量化，可以运用相关理论来分析评价这些管理或者体制的创新对于工程建设的目标、建设单位与管理单位之间的关系处理的优势。

三、水利建设项目创新后评价的主要内容

水利建设项目从规划设计、工程建设到最后的运营管理都会有创新，下面从有利于评价的方法研究的角度分为几方面的内容，主要包括观念创新、技术创新、管理创新三个方面，创新评价的内容就包括观念创新评价、技术创新评价、

管理创新评价。

（一）观念创新评价

在新的时期我们要有新的治水理念，新的治水思路是科学发展观、科学执政思想在水利工作中的具体体现，也是新一代水利工作者对治水实践的重要理论创新和成功实践。观念创新评价，就是评价在建设中是否坚持人与自然和谐相处，从传统水利向现代水利、可持续发展水利转变，是否坚持以水资源可持续利用支撑经济社会可持续发展的治水新思路。评价在规划设计和建设过程中是否密切跟踪当代水利科技前沿，科学判断发展的新趋势、新动向，不断探索新理念、新思路，对重大战略性、前瞻性问题要超前研究，大胆创新。我们在水利建设项目中特别要加强治水思路中人与自然和谐相处理念、防洪减灾方面洪水管理理念、水资源优化配置的市场理念、水土保持生态建设中大自然的自我修复能力等思想理念的创新。

（二）技术创新评价

技术创新后评价主要是分析和评价在项目规划设计、建设和运营过程中研究的新技术、新工艺和新设备的情况，以及对工程建设运行的影响和作用。水利建设项目中的新技术、新工艺、新设备的研究和采用具有一定的科技效益；在缩短工期、提高工程质量、节约工程成本等方面会起到一定的作用，具有经济效益；水利建设项目是直接面对自然环境的，应该以可持续发展的眼光来对待技术创新，我们在采用一项新技术的时候还要兼顾它的社会价值和生态价值。所以技术创新后评价的就从科技效益、经济效益、社会效益、生态效益四个方面来评价。

（三）管理创新评价

管理技术创新对于水利建设目标的有效完成也会产生很大的作用。水利建设项目是一项大型的系统工程，工程项目的单项工程多，项目的参与单位多，为了达到项目的目标，并且缩短建设工期、保证工程质量、节约工程建设成本会采用很多现代化的管理手段和方法。在建设和运营过程中应用到的数学模型、电子计算机技术、管理经验，实现管理过程的系统化、网络化和自动化，这些新的方法和技术对于今后同类建设项目都会有一定的借鉴作用。我们对于管理方法的创新评价主要是评价这些方法的先进与否，运用这些方法会给工程的建设带来怎样的效益，是否值得推广使用。

项目的工程管理机制的创新能否适应社会主义市场经济体制改革的要求，能否体现水资源的自然属性和商品属性，这是关系到整个项目能否顺利进行的基础，所以还要进行机制创新的评价。管理活动有两个载体：一是有形载体，即一个单位的组织结构，是一个组织赖以存在和运行的框架或实体；二是管理的规章制度，是组织结构这一框架中，通过对职位、职务、职权的设定来明确各方面的责任与利益，并指导和约束各项活动。工程项目建设过程中涉及的单位很多，包括项目法人、设计单位、建设单位、监管单位等多家单位，项目法人以何种方式与这些单位建立联系，对于工程的建设有很大的影响。现在有很多人都在探索如何高效地把这些单位组织起来，能充分发挥他们的积极性、能动性。在建设过程中，项目法人与这些单位的组织关系可能会有所创新，我们可以运用相关理论来评价这种机制的优越性，并从实际运行效果来判断。

第二章 水利建设中的环境保护与河道生态治理技术

第一节 水利建设中的环境保护

一、水资源持续利用

（一）水资源的自然属性和开发利用特点

广义地说，地球上能为人类和其他生物的生存和繁衍提供物质和环境的自然水体，均属于水资源的范畴。狭义的水资源一般指在循环周期（一般为一年）内可以恢复和再生，能为生物和人类直接利用的淡水资源。这部分资源是由大气降水补给，包括江河、湖泊水体和可以逐年恢复的浅层地下水等，受到自然水文循环过程的支配。

1.水资源的自然属性

天然水资源主要具有以下几个自然属性：

（1）流动性

受地心引力的作用，水从高处向低处流动，由此形成河川径流。河川径流具有一定的能量。

（2）随机性

虽然地球上每年的降水基本上是一个常量，但受气象水文因素的影响，水资源的产生、运动和形态转化在时间和空间上呈现出随机性。水资源分布有明显的时空不均匀性，且差异很大。

（3）易污染性

外来的污染物进入水体后，随着水的运动，迅速扩散，虽然水对污染物质有一定的稀释和自净能力，但有一定限度。当进入水中的污染物质超过这一限度时，就在水体中存留，并随着水流动、下渗、沉淀，以及通过生物链富集，迅速扩散，影响水的使用功能。江河水体中携带的泥沙沉淀后，还会造成河道、湖泊淤积。

（4）利害两重性

天然水是宝贵的资源，水太少，发生干旱灾害；水太多，则造成洪涝灾害，危及人类的生命财产和陆生生态系统，损害生态环境。水体污染后，对人类的健康、生活、社会、经济以及生态环境系统产生很大的副作用。

2.水资源开发利用的特点

（1）功能多样性

水具有多种用途，可以满足人类的很多需求。水是生态环境系统的控制性因子，是人类生存和发展的基本物质。在经济建设中，水可以发挥多种作用，如市政供水、灌溉、水力发电、航运、水产养殖、旅游娱乐、稀释降解污染物质及改善美化环境等城乡生活用水、生态环境用水，以及边远贫困地区的灌溉用水具有一定的公益性，工业用水、水力发电、水产养殖和利用水域旅游娱乐则具有更大的直接经济效益。所以，水资源是一个国家综合国力的有机组成部分。

（2）不可替代性

水资源在人类生活、维持生态系统完整性和多样性中所起的作用是任何其他自然资源都无法替代的。水资源对社会经济发展有许多用途，除极少数的情况（如水力发电、水路运输等）外，其他资源无法替代水在人类生存和经济发展中的作用。所以，水资源是一种战略性物资。

（3）利用方式多元性

为了满足需求，人类对同一水体可以从不同的角度加以利用，除了供水、灌溉要消耗水量外，还可以利用水能发电，利用水的浮托力发展航运，利用水体中的营养物质从事水产品养殖，利用河流湖泊形成的景观发展旅游娱乐产业，利用水体的自净能力改善环境，利用水的热容量为火力发电、化工生产提供冷却媒介，这些基本上不消耗水量。再者，防洪与兴利既是矛盾的，又是统一的。将洪水存蓄起来，既防止洪涝灾害，也为兴利贮备了水源。总之，水资源可以综合利用。

（二）水资源持续利用

水资源持续利用是在维持水的再生能力和生态系统完整性的条件下，支持人口、资源、环境与经济协调发展和满足当代人及后代人用水需要的全部过程具体内容包括：水资源开发利用必须在承载能力和环境容量的限度之内，保持水循环的持续性、生态环境的完整性和多样性，坚持公平、效率与协调的原则，支持人口、资源、环境、社会与经济的和谐、有效的发展，不仅要满足当代人发展的需要，而且不能对后代人用水需要构成危害。水资源持续利用具有自然基础。除深层地下水外，水资源是以年为周期的可再生资源。在太阳辐射和地心引力的作用下，地球上的水通过包括海洋在内的水面蒸发、陆面蒸发、水汽输送、凝结、降水、陆面产流和汇流，最后汇集到海洋，形成地球水循环过程，正是这一循环，使得河川径流和地下径流得到不断更新和补充。就水质而言，在人为或自然因素作用下，总有一些外来物质进入水体。在水的流动过程中，外来物质掺混、稀释、转移和扩散，在物理、化学和生物作用下，这些物质被分解、沉积，水体得到净化。这种能力称为水的自净能力。只要进入水体的外来物质在自净能力之内，水质就不会进一步恶化。正是这年复一年、周而复始的地球水循环和水的自净能力，为水资源持续利用提供了自然支撑条件。虽然整个地球的年降水量基本上是一个常量，但天然水资源在时间和空间上分布极不均匀，很难保证人类多方面的用水需求，干旱、半干旱地区甚至不能维持生态平衡的用水要求。适当地兴建一些水利水电工程，既是当代社会经济发展的需要，也是可持续发展的要求。中华民族的历史是一部与频繁水、旱灾害长期斗争的历史。中华人民共和国成立以后，不断进行大规模的水利建设，在兴利除害两方面都取得了巨大成就。但是，以水资源紧张、水污染严重和洪涝灾害为特征的水危机已成为我国可持续发展的重要制约因素。我国人口众多，人均土地、水资源和生物资源都十分有限。在进入全面建成小康社会，加快推进社会主义现代化建设的新阶段，必须进一步从社会、经济、人口、资源和环境的宏观视野，对水资源问题总结经验，调整思路，制定新的战略。

（三）我国水资源持续利用的举措

1.人与洪水协调共处的防洪减灾战略

洪水是一种自然现象。我国在人多地少的条件下，为了开发江河中下游、湖泊四周的冲积平原，不断修筑堤防，与水争地，缩小了洪水下泄和调蓄的空间，当洪水来量超过了江河湖泊的蓄泄能力时，堤防溃决，形成洪灾。要完全消除洪灾是不可能的。人类既要适当控制洪水，改造自然；又必须主动适应洪水，协调人与洪水的关系。要约束人类自身的各种不顾后果、破坏生态环境和过度开发利用土地的行为。发生大洪水时，有计划地让出一定土地，提供足够的空间蓄泄洪水，避免发生影响全局的毁灭性灾害，同时将灾后救济和重建作为防洪工作的必要组成部分。城乡建设要充分考虑各种可能的洪灾风险，科学规划、合理布局，尽可能地减少洪水发生造成的损失。要建立现代化的防洪减灾信息系统和防汛抢险专业队伍，完善防洪保险，健全救灾抢险及灾后重建的工作机制。这样，使防洪减灾从无序、无节制地与洪水争夺转变为有序、可持续地与洪水协调共处；从建设防洪工程体系为主转变为在防洪工程体系的基础上建成全面的防洪减灾工作体系，达到减缓洪灾的目的。

2.节水高效的现代灌溉农业和现代旱地农业的农业用水战略

改变传统的粗放型灌溉方式，以提高水的利用效率作为节水高效农业的核心。把水利工程措施和农业技术措施结合起来施行，最大限度地利用水资源，包括充分利用天然降水、回收水，利用未经处理的劣质水。实行水旱互补的方针，重视发展旱地农业，实现了这一战略转变，我国就基本上可以立足于现有规模的耕地和灌溉用水量，满足今后16亿人口的农产品需求。

3.节流优先、治污为本、多渠道开源的城市水资源持续利用战略

针对目前水资源短缺与用水浪费，污染严重并存的现象，大力提倡节流优先、治污为本、多渠道开源的城市水资源持续利用战略。"节流优先"不仅是根据我国水资源紧缺情况所应采取的基本方针，也是为了降低供水投资、减少污水排放、提高资源利用效率的理性选择。要根据水资源分布状况调整产业结构和工业布局，大力开发和推广节水器具和节水的生产技术，创建节水型工业和节水型社会。强调"治污为本"是保护供水水质、改善水环境的必然要求，也是实现城市水资源与水环境协调发展的根本出路。必须加大污染防治力度，提高城市污水处理率。"多渠道开源"指除了合理开发地表水和地下水外，还应大力提倡利用处理后的污水及雨水、海水和微咸水等非传统水资源。

4.源头控制的综合防污减灾战略

在我国经济的迅猛发展中，由于工业结构的不合理和粗放式的发展模式，工业废水造成的水污染占我国水污染负荷的50.9%左右。长期以来采用的以末端治理、达标排放为主的工业污染控制策略，已经被大量事实证明耗资大、效果差，不符合可持续发展战略。应该坚持以源头控制为主的综合治理策略，大力推行以清洁生产为代表的污染预防战略，淘汰物耗能耗高、用水量大、技术落后的产品和工艺，在生产过程中提高资源利用率，削减污染物排放量。特别要把保障安全卫生饮用水作为水污染防治的重点，保护好为城市供水的水库、湖泊和河流。

5.保证生态环境用水的水资源配置战略

生态环境是关系到人类生存发展的基本自然条件。保护和改善生态环境，是保障我国社会经济可持续发展所必须坚持的基本方针。在水资源配置中，要从不重视生态环境用水转变为在保证生态环境用水的前提下，合理规划和保障社会经济用水。保证生态环境用水，有助于全球水循环可再生性地维持，是实现水资源持续利用的重要基础。

6.以需水管理为基础的水资源供需平衡战略

目前我国的用水效率还很低，每立方米水的产出明显低于发达国家，节水还有很大潜力。在水资源的供需平衡中，要从过去的"以需定供"转变为在加强需水管理、提高用水效率的基础上保证供水。加强需水管理的核心是提高用水效率，是现代城乡建设、发展现代化工农业的重要内容，节约用水和科学用水是水资源管理的首要任务。

7.南水北调战略措施

黄淮海流域，尤其是中下游的黄淮海平原是我国最缺水的地区。目前以超采地下水和利用未经处理的污水来维持经济增长：为了改变这一局面，在大力节水治污、合理利用当地水资源的基础上，有步骤地推进南水北调。坚持"先生活，后生产；先地表，后地下；先治污，后调水"的原则，保障这一地区的社会经济可持续发展。

8.与生态环境建设相协调的西部水资源开发利用战略

在西部大开发中，要从缺乏生态环境意识的低水平开发利用水资源，转变为在保护和改善生态环境的前提下，全面合理地开发利用当地水资源，为经济发展创造条件，具体措施包括：一是合理调整农、林、牧业的结构，着重建设现代化节水高效的灌溉农业和高效牧业；二是大力发展中、小、微型水利工程，有条件的地方适当建设大型水利骨干工程；三是进行水土保持综合治理，在退耕还林还草的同时，建设有一定灌溉保证的基本农田，为脱贫致富和恢复生态环境创造条件，西南地区要发挥水能资源优势；四是开发水电，西电东送，取代东部地区的污染环境、效率低下的小火电，加快当地经济发展。

二、水利工程建设与生态环境系统的关系

由于水资源的自然属性，天然径流在空间与时间、水量与水质方面都难以直接满足人类社会和生态系统的需求，必须修建一定的水利工程，包括江河治理、水土保持、蓄水输水和水力发电工程等。

（一）改善生态环境是水利工程的重要功能之一

在自然系统长期的演进过程中，河流、湖泊与水文气象、天然径流、土地、动植物相适应、相互协调，成为自然生态系统的有机组成部分。水利工程作为调节或控制天然径流、开发利用水资源的基础设施，对社会经济会产生积极的作用，同时在一定程度上干扰、影响自然生态系统。这些影响，有些是有益的，有些是有害的。一些可以通过生态系统的自适应机制进行调整，适应变化了的环境，以保持种群的生存繁衍，有些则使生物种群消亡；有些影响是永久的，有些是周期性的，也有些是短暂的。

随着工程规模的扩大，水利工程对控制调节天然径流能力增强，对社会经济和生态环境产生的影响也更显著、广泛、深刻。但是，从本质上讲，水利工程的作用是兴水利除水害，不仅具有显著的社会、经济效益，而且可以促使社会经济和生态环境协调发展，改善生态环境是其重要功能之一。要想改善生态环境，我们应该采取以下措施：

1.减少洪水灾害对生态系统的破坏。超过河流湖泊承载能力、四处泛滥的水流现象称为洪水。虽然洪水是自然生态环境的有机组成部分，但在易受洪水淹没的地方，生态系统结构简单，生物多样性程度降低；发生不常遇的特大洪水，对自然生态系统则是极大的摧残，对某些物种甚至是毁灭性的打击。洪水不仅淹没

土地，毁坏社会财富，中断交通、通信和输电，影响生产生活秩序，干扰经济发展还会造成人员伤亡，疫病流行。对生态环境而言，洪水淹没土地，破坏陆生生态系统；破坏河流水系，冲刷地表土层，造成水土流失；致使有害物质扩散、病菌和寄生虫蔓延。洪水是世界上大多数国家的主要自然灾害。水库、堤防和河道整治等水利工程可以控制、调蓄、约束或疏导洪水水流。有些工程（如堤防等）可以使保护范围免遭洪水侵害，保持相对稳定环境，不仅使荒洲变良田，而且增加了陆生动植物的生存空间；有些工程（如水库、蓄洪区等）可以减小洪水流量，减缓洪灾损失。利用工程措施和非工程措施相结合防灾减灾，可以促使社会稳定，经济发展，保护生态环境，提高环境质量。

2.缓解干旱对生态系统的危害。水可以使沙漠变为绿洲。持续的干旱导致土地干化、江河断流、湖泊枯竭、地下水水位下降、加剧土地沙化，这些变化都会影响到陆生和水生生物的生存与繁衍。干旱还导致地表水污染加剧，海水侵进河口，并使周围地区盐碱化。水利工程蓄丰补枯，为人类生活和社会经济活动提供水源，枯水季节增加了河流流量，有利于水生生物生长繁衍，稀释水体中的污染物质，抵御咸水入侵，抬升地下水水位。特别在严重干旱发生时，水利工程供水可以使生态系统维持水量平衡，包括水热平衡、水沙平衡、水盐平衡等，免受毁灭性的打击。随着人类对生态环境问题的重视，即使在没有严重干旱发生时，许多水利工程也把提供生态环境用水作为运行目标之一。

（二）水利工程对生态环境的不利影响

河流、湖泊是自然生态系统的重要组成部分、全球水循环的重要环节河流及其集水区域的自然生态系统，是经过千万年的发展与演替，逐步形成的动态平衡系统。

水利工程是人类改造自然、利用资源，为人类自身福利服务的设施与手段，也是对自然生态系统的一种干扰、冲击或破坏。在获取社会、经济和生态环境效益的同时，对生态环境也有一定的负面影响，有些影响是不可避免的，比如，水库的修建要淹没土地，把陆生生态环境改变为水生生态环境，引起自然生态环境的急剧变化，原有的生态系统几乎全部被破坏，新的系统必须重建，有些必须经过较长时间的"磨合"与演替，才能适应变化，建立新的平衡，特别是用于高坝大量对江河径流进行过度控制可能会产生较为严重的生态环境问题。

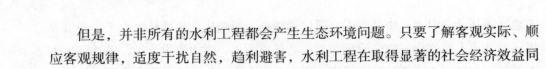

但是，并非所有的水利工程都会产生生态环境问题。只要了解客观实际、顺应客观规律，适度干扰自然，趋利避害，水利工程在取得显著的社会经济效益同时，也能够取得明显的生态环境效益，如都江堰水利工程就是这样的典范。

第二节　水土保持与河道整治工程

一、水土保持工程

（一）水土流失的相关内容

1.水土流失的概念

水土流失是指在水力、风力、重力等外力作用下，丘陵沙暴地区水土资源和土地生产力的破坏和损失。水土流失包括土壤侵蚀及水的损失，也称水土损失。土壤侵蚀的形式除雨滴溅蚀、片蚀、细沟侵蚀、浅沟侵蚀、切沟侵蚀等典型形式外，还包括山洪侵蚀、泥石流侵蚀以及滑坡等形式。水的损失一般是指植物截留损失、地面及水面蒸发损失、植物蒸腾损失、深层渗漏损失、坡地径流损失。在我国水土流失概念中，水的损失主要指坡地径流损失。我国14亿人口，国土面积960万平方千米，地势西高东低，山地、丘陵和高原约占全国面积的67%。由于特殊的自然地理和社会经济条件，水土流失已成为我国的一个重要环境问题。

我国水土流失具有自身特点，具体包括以下几点：一是分布范围广，面积大。我国水土流失面积约为356万平方千米，占国土面积的37.1%。二是侵蚀形式多样，类型复杂。水力侵蚀、风力侵蚀、冻融侵蚀及滑坡、泥石流等重力侵蚀特点各异，相互交错，成因复杂。如西北黄土高原区、东北黑土漫岗区、南方红壤丘陵区、北方土石山区、南方石质山区以水力侵蚀为主，伴有大量的重力侵蚀；青藏高原以冻融侵蚀为主；西部干旱地区风沙区和草原区风蚀非常严重；西北半干旱农牧交错带则为风蚀、水蚀共同作用区。三是我国土壤流失严重。据相关数据显示，我国每年流失的土壤总量达到50亿吨。长江流域年均土壤流失总量

24亿吨；黄河流域黄土高原区每年进入黄河的泥沙多达16亿吨。

2.水土流失的危害

水土流失在我国的危害已十分严重，它不仅造成土地资源的破坏，导致农业生产环境恶化，生态平衡失调，水旱灾害频繁，而且影响各业生产的发展。水土流失主要会产生以下危害：

第一，削弱地力，加剧干旱发展。由于水土流失，使坡耕地成为跑水、跑土、跑肥的"三跑田"，致使土地日益贫瘠，而且土壤侵蚀造成了土壤理化性状的恶化，土壤透水性、持水力的下降，加剧了干旱状况，使农业生产低而不稳，甚至绝产。

第二，严重破坏土地资源，蚕食农田，威胁群众生存。土壤是我们赖以生存的物质基础，也是环境的基本要素，还是农业生产的最基本资源。年复一年的水土流失，使有限的土地资源遭受严重的破坏，土层变薄，地表物质"沙化""石化"。据初步估计，由于水土流失，我国每年损失土地约13.3万平方千米，这已经严重威胁到水土流失区群众的生存，其损失是不能简单用货币计算的。

第三，泥沙淤积河床，洪涝灾害加剧。水土流失使大量泥沙下泄，淤积下游河道，削弱行洪能力，一旦上游来洪量增大，就会引起洪涝灾害。近几十年来，特别是最近几年，长江、松花江、嫩江、黄河、珠江、淮河等发生的洪涝灾害，所造成的损失令人触目惊心。这些灾害都与水土流失使河床淤高有十分重要的关系。

第四，泥沙淤积水库湖泊，降低其综合利用功能。水土流失不仅使洪涝灾害频繁，而且产生的泥沙大量淤积水库、湖泊，严重威胁到水利设施和效益的发挥。

第五，影响航运，破坏交通安全。由于水土流失造成河道、港口的淤积，致使航运里程和泊船吨位急剧降低，而且每年汛期由于水土流失形成的山体塌方、泥石流等造成的交通中断，在全国各地时有发生。

（二）我国水土流失的治理情况

1.水土保持的指导原则

水土保持工作必须贯彻预防为主，全面规划，综合防治，因地制宜，加强管理，注重效益的方针。要贯彻好注重效益的方针，必须遵循以下治理原则：一是

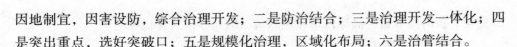

因地制宜，因害设防，综合治理开发；二是防治结合；三是治理开发一体化；四是突出重点，选好突破口；五是规模化治理，区域化布局；六是治管结合。

2.水土保持的战略性目标

21世纪是全球致力于经济和自然协调发展的重要时期，我国政府已将水土保持确立为21世纪经济和社会的一项重要的基础工程，并明确了我国水土保持的战略目标和任务，主要分为近期目标与任务和远期目标与任务。

近期目标与任务：2020—2030年，我国60%以上适宜治理的水土流失地区都得到不同程度的治理，重点治理区生态环境开始走上良性循环轨道，森林覆盖率达20%以上，大江大河减少20%（南方）~30%（北方），我国建立起健全的水土流失预防监督系统和动态监测网络，形成完善的水土保持法律法规系统，全面制止各种人为的新的水土流失。

远期目标与任务：2031—2050年，我国建立起适应国民经济社会可持续发展的良性生态系统，适宜治理的水土流失区基本得到整治，水土流失和沙漠化基本得到控制，坡耕地基本实现梯田化，宜林地全部绿化，"三化"草地得到恢复，全国生态环境明显改观，人为水土流失得到根治，在部分地区基本实现山川秀美。

3.水土保持措施

（1）预防措施

为了达到水土保持的目的，我们应该采取以下预防措施：

第一，组织全民植树造林，鼓励种草，扩大森林覆盖面积，增加植被。

第二，根据当地情况，组织农业集体经济组织和国营农、林、牧场，种植薪炭林和饲草、绿肥植物，有计划地进行封山育林育草、轮封轮牧，防风固沙，保护植被。禁止毁林开荒、烧山开荒和在陡坡地、干旱地区铲草皮、挖树蔸。

第三，25°以上陡坡地禁止开垦种植农作物；已开垦的，应根据实际情况，逐步退耕，植树种草，恢复植被，或者修建梯田。开垦禁止开垦坡度以下、5°以上的荒坡地，必须经县级人民政府水行政主管部门批准；开垦国有荒坡地，经县级人民政府水行政主管部门批准后，方可向县级以上地方人民政府申请办理土地开垦手续。

第四，采伐林木必须因地制宜地采用合理采伐方式，并在采伐后及时完成更新造林任务。对水源涵养林、水土保持林、防风固沙林等防护林只准进行抚育和更新性质的采伐。

第五，在5°以上坡地上整地造林，抚育幼林，垦复油茶、油桐等经济林木，必须采取水土保持措施，防止水土流失。

（2）治理措施

第一，依法行政，不断完善水土保持法律法规系统，强化监督执法，具体措施如下：一是严格执行《中华人民共和国水土保持法》的规定，通过宣传教育，不断增强群众的水土保持意识和法制观念，坚决遏制人为水土流失，保护好现有植被。二是重点抓好开发建设项目水土保持管理。三是把水土流失的防治纳入法治化轨道。

第二，实行分区治理，分类指导，具体措施如下：一是西北黄土高原区以建设稳产高产基本农田为突破口，突出沟道治理，实行退耕还林还草。二是东北黑土区大力推行保土耕作，保护和恢复植被。三是南方红壤丘陵区采取封禁治理，提高植物覆盖率，通过以电代柴解决农村能源问题。北方土石山区改造坡耕地，发展水土保持林和水源涵养林。四是西南石灰岩地区陡坡退耕，大力改造坡耕地，蓄水保土，控制石漠化。五是风沙区营造防风固沙林带，实施封育保护，防止沙漠扩展，草原区实行围栏封育、轮牧、休牧、建设人工草场。

第三，大规模地开展生态建设工程，具体措施如下：一是继续开展以长江上游、黄河中游地区以及环京津地区的一系列重点生态工程建设，加大退耕还林力度。二是搞好天然林保护。加快跨流域调水和水资源、工程建设，尽快实施南水北调工程，缓解北方地区水资源短缺矛盾，改善生态环境。三是在内陆河流域合理安排生态用水，恢复绿洲和遏制沙漠化。

第四，加强水土保持方面的国际合作和对外交流，增进相互了解，不断学习、借鉴和吸收国外的先进技术、先进理念和先进管理经验，不断提高我国水土保持的水平。

二、堤防工程

堤防是沿江、河、湖、海的，行洪区边界修筑的挡水建筑物，其断面形状为梯形或复式梯形，主要作用是约束水流、控制河势、防止洪水泛滥成灾或海水倒灌。如今，堤防虽不是防治洪水的唯一措施，但仍是一项重要的防洪工程。堤防工程级别取决于防护对象（如城镇、农田面积、工业区等）的防洪标准。一般遭受洪灾或失事后损失巨大的工程，其级别可适当提高；反之，其级别可适当降低。在堤防上的穿堤建筑物（如闸、涵、泵站等）的防洪标准不低于堤防的防洪标准。

（一）堤防规划的原则

新堤防系统的建立和旧堤防系统的改造，都必须按照近期和远期的防洪兴利要求，结合当地的具体情况，进行全面的规划。规划中注意以下几个方面：

第一，堤防规划应与流域水利资源综合开发利用规划、地区的水利规划相结合，防洪与国土整治和利用相结合，力求在其他防洪措施（例如蓄洪、分洪、滞洪等工程）的协同配合下，达到最有效、最经济的控制洪水的目的。

第二，编制堤防规划，要上下游、左右岸统筹兼顾，合理安排，使堤防能行之有效地起到保障防洪安全的作用。当所选定的防洪标准和堤身断面一时难以达到要求时，也可分期分段实现。

第三，在堤防遭到超标准洪水时，要有照顾全局，确保重点，决定取舍的方案和措施，把洪水灾害控制在最小范围之内。

第四，保证主要江河的堤防不发生改道性决口，并确保对国民经济影响最大的主要堤防不决口。

（二）堤防设计

1.堤线的选择

堤线选择布置直接关系到工程的安全、投资和防洪的经济效益，同时对防洪安全和防汛抢险影响很大，是规划设计中的重要工作应对河流的河势、河道的演变、地质地貌以及两岸工农业生产和交通情况进行调查，在选线时应考虑以下几点：

（1）河堤堤线应与河势流向相适应，与大洪水的主流线走向基本一致，两岸堤线基本平行，有利于洪水的宣泄。

（2）堤线走向应尽量平顺，各堤段平缓连接，不得采用折线或急弯。

（3）堤线应尽可能利用现有堤防和有利地形、土质良好的地带，尽量避免通过软弱地基、深水地带、古河道、强透水地基等不良地带。这样堤防有良好的基础，既减少基础加固或清基回填的工程量，又提供了良好的施工条件和运行安全。

（4）堤线布置应少占耕地，并保护好文物遗址，方便防汛抢险和工程管理。

2.堤顶高程的确定

堤顶高程为设计洪水位加堤顶超高。1、2级堤防的堤顶超高值不应小于2.0m。

3.两岸间堤距的确定

河流两岸之间堤距的确定是一个比较复杂的问题，需进行多方案比较。因为，泄流量一定时，堤距较大，则堤顶可低一些，节约土方工程，但耕地占用较多；堤距较小，相应堤顶要高一些，虽然减少了占用的耕地，但堤防的工程量较大。除此之外，还应考虑河道的允许流速。通过以上因素综合分析，选择最经济、最合理的堤距。

当每一种方案的设计洪水位确定后，即可确定堤顶高程，进而估算一定河段长度的堤防造价，并求出被保护面积的单位造价，从中选出最经济合理的方案。以上只是从经济效益方面考虑的堤距计算方法，另外还必须根据具体情况从多方面综合考虑，最后确定堤距。

4.堤身横断面的设计

（1）横断面设计的基本要求

堤身横断面一般设计为梯形，浸润线逸出点不得出现在堤坡。如不满足浸润线要求时，可设置断台，断面设计应满足以下基本要求：一是堤身要有足够的重量，以抵抗挡水压力，保证堤防的稳定，防止堤身滑动而遭破坏；二是堤身两侧有一定的坡度，维持边坡的稳定，不产生树塌、滑裂等险情；三是堤顶有一定的宽度，以满足交通和防洪的要求。

（2）堤顶宽度的确定

堤顶宽度与被保护区的重要程度、设计洪水位以及交通运输、防汛抢险等要求有关，重要堤防、险工堤段，风浪较大，土质多沙，交通频繁，堤身高大，防守抢险要求较高的堤防，顶宽要大一些。

（3）堤防边坡的确定

边坡与堤防的种类、筑堤土壤的性质以及堤防的工作条件有关。堤防边坡的确定，应满足以下基本要求：一是对水位涨落较慢，高水位持续时间长，水面辽阔风浪大，堤身断面要求大，且边坡要缓；二是洪峰涨落较快，堤防持续高水位时间不长，堤身断面及边坡要求可小些；三是筑堤土壤的性质不同，坡度也不一

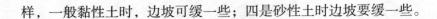

样，一般黏性土时，边坡可缓一些；四是砂性土时边坡要缓一些。

（三）堤防护坡

临水堤坡主要是防止水流冲刷、波浪淘刷、冰和漂浮物的撞击破坏。背水坡主要防止雨水冲刷和动物、人为破坏。

为了使堤防正常工作，并保证在洪水期不发生冲决，在堤防的临水坡，常需要做一些护坡工程。堤防护坡的形式有草皮护坡、干砌石护坡及抛石护坡。

一般河堤的临水坡，因水流流速不大，风浪也不大，多在堤坡上种植芭根草等而形成草皮护坡。植草可采用网式及平式栽法。植草时应注意剔除高秆杂草，以免影响汛期巡堤查水。经常受到水流冲刷的河堤或湖堤，在临水坡顺坡干砌或平扣块石，石料不宜太小，一般直径在30～40mm。为防止水流对土堤坡的淘刷，可在砌石下铺设垫层。将石料顺坡铺设在堤坡上的抛石护坡，能防止水流及风浪的冲击，施工简单，施工速度快，不仅能保护堤坡免遭破坏，还能起到护脚的作用。

（四）堤防的管理养护

堤防工程在按设计要求完成后，还必须通过管理养护才能很好地发挥其防洪挡水作用。堤防管理养护具有长期性、复杂性等特点，是一项不可忽视的工作。

堤防管理工作的主要任务是：确保工程安全完整；充分发挥堤防工程抗洪、抗风浪的作用；开展绿化等综合经营。为完成以上任务，在堤防管理中要注意以下几点：

1.堤防两侧应按规定留足保护地

堤防两侧沿河群众取土、挖沟等，常使堤防遭受破坏。施工单位应根据各地政府的规定，在堤防两侧划出一定宽度的保护地，作为保护堤防的范围。

2.严禁损害树草

堤坡地植草、保护地植树既能防雨、防浪，又是综合经营的主要项目，应禁止破坏。在堤身及保护地内不准放牧、挖掘草皮和任意砍伐树木。

3.严禁进行损坏堤防的活动

禁止在堤防及其规定范围内进行挖洞、开沟、挖渠建房、建窑、爆破、挖坟及危害堤防完整和安全的活动，严格控制修建穿堤建筑物，这些损坏堤防的活动直接或间接地破坏了堤防的完整和安全。往往成为堤防的薄弱部位，一旦出现险情，抢护十分困难。

4.禁止任意破堤开口

任何单位和个人都不能在堤防上任意破堤开口，如开口回填不及时或回填质量差，都会给防汛带来危害。如确实需要临时破堤，应征得堤防管理单位同意并报请上级水行政主管部门批准方可施工，同时按批准期限按质量进行修复。

5.严格限制堤顶交通

堤顶行车应控制，履带拖拉机等损坏堤顶平整的交通工具一律禁止通行；下雨及堤顶泥泞期间，除防汛抢险和紧急军事专用车辆外，其他一律不准通行。堤顶一般不作为公路使用，如需要时应向堤防管理部门申请，批准后方可使用。

6.禁止损坏堤防设施

堤防上的防汛屋、通信线路、观测设备、测量标志、路桩等均是为了堤防管理、防汛而设置的，应妥善保护，以防受到破坏。

另外，对堤防及其附属工程设施应进行经常性的保养维护，以保证堤防的正常工作。要特别注意堤顶、堤坡、辅道的养护以及交通和附属设施的维护，要经常检查和防治兽穴和蚁穴，并搞好堤防绿化工作。

三、河道整治工程

为防止河道的不利变形，常需通过工程措施对其进行治理，凡是以河道整治为目的所修筑的建筑物，称为河道整治建筑物，又称河工建筑物。

按照其作用及其与水流的关系，建筑物可以分为护坡、护堤建筑物、环流建筑物、丁坝、顺坝、等锁坝（潜坝）坝类建筑物。护坡、护堤建筑物是用抗冲材料直接在河岸、堤岸、库岸的坡面、坡脚和基础上做成连续的覆盖保护层，以抗御水流的冲刷，属于一种单纯性防御工事。环流建筑物，是用人工的方式激起环流，用以调整水、沙运动方向，达到整治目的的一种建筑物。各种不同类型的坝类建筑物使用较多，坝的形式、结构基本相同，根据其地质、地形、作用、水流等使用条件而选用。

（一）丁坝

丁坝是使用较多的整治建筑物，其一端与河岸相连，另一端伸向河槽，在平面上与河岸连接。如丁字形丁坝能起到挑流、导流的作用，故又名挑水坝。根据丁坝的长短和对水流的作用，可分为长丁坝、短丁坝、透水丁坝、淹没与非淹没丁坝等。

1.丁坝的平面布置

丁坝平面上布置坝与堤或滩岸相连的部位称为坝根，伸入河中的前头部分为坝头。在不直接遭受水流淘刷的坝根及坝身的后部，仅修土坝即可，在可能被水流淘刷的坝头及坝身的上游面需要围护，以保证坝体的安全。坝头的上游拐角部分为上跨角，从上跨角向坝根进行围护的迎水部分称为迎水面，坝头的前端称为坝头，坝头向下游拐角的部分称为下跨角。

坝头的平面形状，对水流和坝身的安全有较大影响。目前采用的坝头形式主要有圆头形坝、拐头形坝和斜线形坝三种。圆头形坝的主要优点是能适应各种来流方向，施工简单，缺点是控制流势差，坝下回流大。拐头形坝的主要优点是送流条件好，坝下回流小，但对来流方向有严格的要求，坝上游回流大是其主要缺点。斜线形坝的特点介于以上两者之间。

一般情况下，圆头形坝修筑在工程的首部，以发挥其适应各种来流方向的优点；而拐头形坝布置在工程的下部，用作关门坝；斜线形坝多用在工程的中部以调整水流。这样因地制宜地布设各种坝头形式，可收到良好的效果。

2.丁坝的剖面结构

丁坝由坝体、护坡及护根三部分组成。坝体是坝的主体，亦称土坝基，一般用土筑成护坡，是防止坝体遭受水流淘刷的，而在外围用抗冲材料加以裹护的部分。护根是为了防止河床冲刷，维护护坡的稳定而在护坡以下修筑的基础工程，亦称根石，一般用抗冲性强、适应基础变形的材料来修筑。

（二）顺坝

顺坝是坝身顺水流方向，坝根与河岸相连，坝头与河岸相连或留有缺口地整治建筑物。顺坝亦分淹没和非淹没。坝顶高程和丁坝一样，视其作用而异，如系整治枯水河床，则坝顶略高于枯水位；如系整治中水河床，则坝顶与河漫滩持平；如系整治洪水河床，则坝顶略高于洪水位。顺坝的作用主要是导流和束狭河床，有时也用作控导工程的联坝。

（三）锁坝（潜坝）

锁坝是一种横亘河中而在中水位和洪水位时允许水流溢过的坝。主要用作调整河床，堵塞支汊，如修筑在河堤、串沟，可加速河堤、串沟的淤积。由于锁坝是一种淹没整治建筑物，因此对坝顶应进行保护，可以用堆垒石料或植草的办法加以保护。

在枯水位以下的丁坝、锁坝常称潜坝，用以增加河底糙率、缓流落淤、调整河床、平顺水流。潜坝可以保护河底、保护顺坝的外坡底脚及丁坝的坝头等免受冲刷破坏。在河道的凹岸，因河床较低，有时在丁坝、顺坝的下面设一段潜丁坝，以调整水深及深泓线。

第三节　河道生态治理模式及治理技术

一、河道生态治理模式

河道生态治理是指在河道陆域控制线内，在满足防洪、排涝及引水等河道基本功能的基础上，通过施行人工修复措施，促进河道水生态系统恢复，构建健康、完整、稳定的河道水生态系统的活动。在生态环境系统中，河道是一个非常重要的载体，不但能够容纳河流流域的水流，是防洪、排涝、灌溉和航运的基础，同时对河流周边的人文、生产和居住环境也会有着非常大的影响。近些年来，由于经济的快速发展，我国河道普遍出现了许多非常恶性的现象，这些现象逐渐成为我国经济发展的制约因素。对不同的河道进行河道生态治理模式研究，有益于创建河道的生态系统环境。

依据不同河流的情况，我们将河流分为三类：山溪性河道、平原河网和城镇集聚河道。根据不同类型河道特征，分析相关治理模式。

（一）山溪性河道生态治理

山溪性河道中具有许多河道的基本功能，比如防洪排涝等，同时也存在严重影响河道功能的现象，比如分段拦截、水产养殖、泥沙淤积、滥挖河沙和水质恶化等问题。所以，对于山溪性河道来说，它们的治理势在必行，而且这也是改善山溪性河道水生态环境的一个有效方法。山溪性河道生态治理模式有保留利用滩地和深潭、设计复式断面、设计防冲不防淹的低堤坝、恢复与重建河岸带植物群落等。

1.保留利用滩地和深潭

河漫滩大多处于河流中下游平坦的地带，它是山溪性河道中特有的组成部分，且其有利于河道在洪水来临的时候发挥它的基本功能。山溪性河道周围通常都具有河漫滩，在对城市周围的河漫滩进行设计时，需要同时考虑河道防洪滞洪的功能和公众对其休闲方面功能的需求。与此同时，保留河流的蜿蜒性，河流蜿蜒性的存在能够创建比较合适的环境，有利于河道中的各种水生物生存，能够有效地保持河道中的生物多样性。

在设计时，应该避免传统设计中的直线型河道设计理念，从而恢复河道中浅滩与深潭交替的自然特征。在设计中应注意两点：根据河道中河床的演变趋势，综合考虑河床结构的特点，分析得到河道的形态，根据河床设计调整河流的水头和流向；根据当地原先既有的地理形态，不能简单地将河流的弯道处截断，应该将河道的蜿蜒形态保留好，并且将河道中自然的浅滩和深潭交替的特征维持好。

2.设计复式断面

山溪性河道在水量较少的季节时，河水通常是通过主槽，在河道中流经的河水水流量比较小；在洪水季节或者水流量较大的季节时，河水则要流经河滩段。在设计时可以采用复式断面来设计河滩段，这样河滩段的断面截面就会较大，能够有效地降低洪水流经河滩段时的水位。同时，众所周知，洪水期持续的时间并不是很长，大量的时间处于水量较少或者枯水的季节，可根据河滩段的地形对河滩段进行合理的开发，使其能够满足城市居民体育运动或者休闲娱乐的需求。

3.设计防冲不防淹的低堤坝

在水利工程中，低矮的堤坝会具有一些较好的工程性能，在河道上建立矮堤，能够加强河道两岸的稳定性，同时有效提高河道堤岸的抗冲刷能力；同时矮堤能够允许洪水在流经时漫过堤顶，用于过流。这些特点比较符合洪水的特点，能够有效地抵御高流速水流对两岸的冲刷，并且洪水时间短，这样不至于浪费建设资源。对于防洪要求较高的河道，可以通过加固木桩来抵抗基础冲刷，使得河道两岸的安全和抗冲刷能力得到进一步加强。

4.恢复与重建河岸带植物群落

在河道两岸大量种植植物，并形成植物群落，可以进一步加强堤防的水利工程性能，并提高河道的生态性。尤其对被河水冲刷严重的部位以及在施工过程对河道影响严重的部位更加有效。同时，构建植物群落是一种生物方法，不但能够进一步加固堤防，而且能够降低河岸堤防的硬化。如果种植的是根系比较发达的树木，在树木根系的影响下，堤防的抗冲刷性能能够得到进一步的提高。河岸带植物群落的存在，能够有效地防止工程项目对原先地形地貌和原有河道生态的破坏。

（二）平原河网生态治理

平原河网通常在人口居住和工业产业分布密集的区域，居民生活污染和工业生产污染会对河网中的河流造成严重的污染，如果超过了河水的自我修复能力，那么平原河网中的河流水质则会恶化。针对平原河网河道特征，平原河网河道生态治理模式有遵循科学规划设计理念和合理制定防洪标准、设计生态护堤、提倡缓坡设计、保护城市湿地、建设人工鱼巢等。

1.遵循科学规划设计理念和合理制定防洪标准

在对平原河网进行规划设计时，首先应遵循保留河流的自然形态、维持河道基本功能和生态功能的理念。保护河流的生态系统，需要能够正确地认识到由当地的整个水文情形构成的河流自然形态，然后注重保护当地的水生态系统和水环境，维持好整个河网流域的生物多样性，各种水生生物的存在能够有效提高河网中河流的自净能力。

河道的管理必须以《防洪法》为基础，和上级主管部门携手进行协调管理，根据流域影响面积、河道重要性，在各自制定的河道防洪统一标准的基础上，对河道分级分段，然后制定符合自身实际的防洪标准。

2.设计生态护堤

在平原河网所在地区，应尽可能利用原有的天然河道两岸，适当种植树木和草种。对于该地区河流的生态治理，应对护坡设计较缓的比例，尽量利用土壤和种植的植物进行护岸，为水生生物提供优良的生存条件；而较陡的河岸边则应采用桩等措施加固，这样既满足了工程的安全性要求，又在一定程度上改善了生态环境。在使用打桩护坡的同时，还应使用生态草袋，生态草袋里主要是土壤和草的混合物，这不仅能够提高防侵蚀性能，还能够长出绿草来改善生态。

对于有通航要求的河道，可以使用复合断面类型。常规水位以下的部分采用干衬砌建造，而正常水位以上的部分采用砾石建造。这种设计处理可以在减少河流冲刷损失的同时，改善河流的水生态环境。

3.提倡缓坡设计

梯形断面结构具有简单、经济实用的特点，通常用于许多中小型河道改造工程，是传统河道断面的一种常见形式。一般来说，河流流经的区域都在河道保护范围内，而这个保护范围往往是通过租赁来获得土地使用权。通常在河道保护范围内设置保护带，并在保护带上种植一些树木和景观植物，以防影响周围农地和堤岸的安全。在平原河网中，堤岸的设计应与护岸及周边景观相结合，适当调整护岸的高度和类型，突出当地水景的设计；同时应根据当地习俗、文化氛围和地理特点，合理地减少河流两岸堤岸的高度，搭建适合公众的亲水平台，打造滨水与景观相结合的花园式滨水景观。

4.保护城市湿地

城市湿地富含水生动植物，具有很好的水体净化能力。因此，城市湿地也被称为"城市的肾脏"，其生态价值也逐渐体现出来。湿地在防洪、改善区域水质、改善城市小气候和美化区域环境方面发挥着重要作用，也是大多数野生动物的理想栖息地。要保护城市的湿地，首先要确保湿地和周边水域的面积不发生变动，并且不要建造人造河流和湖泊。保护湿地可为鸟类迁徙及相关动植物创造有利的生存条件，改善人类的生存和生活环境。

5.建设人工鱼巢

在河道整治过程中，应当满足防洪、航行的有关要求，同时在适宜的地区设置人工鱼巢。人工鱼巢应多采用多孔碎石护坡，从而为鱼类、水生动物和微生物创造良好的栖息地。

在修建河道拦河坝的同时，应建立陡峭宽阔的水道，为上下游水生动物的交流创造有利条件，一些辅助陡坡水道，有利于鱼类生长。在河流上建造堰坝时，应在设计中预留以方便一些鱼类的迁徙。同时，为这些生物的迁徙和繁殖建立一些特殊的生物通道。结合当地两栖动物的特点，这在一定程度上可以保护河流的生态系统和生态环境，充分保护河网生物多样性。

（三）城镇集聚河道生态治理

改革开放以来，我国经济的高速发展使城市规模急剧扩大，但相应的城市污水处理系统并未得到升级，城市污水处理能力滞后。因此，大量的生活和工业废水直接排入城市河流，严重污染城市河流。污水排放超过河流自净能力，严重破坏城市河流生态系统，使城市河流生态问题日益严重。城镇集聚河道的生态治理模式有河道污染治理、设计生态岸缘和植被缓冲带、规划滨水环境等。

1.河道污染治理

城市的快速发展，公众的环保意识也在快速提高，公众对河道生态的要求也在不断提高。新形势下的河流治理工程，不仅要满足景观设计的要求，还要充分考虑河流水质要求。

2.设计生态岸缘和植被缓冲带

城市河流生态系统是一个相对较大的系统，是整个城市生态系统中一个非常重要的子系统。它通常由河岸生态系统、湿地和水生生态系统组成。在城市河道综合治理中，要以"人与自然和谐"为指导，坚持可持续发展的原则，实现经济生态和环境协调发展。

3.规划滨水环境

水滨是我国大多数城市的特色，不同的河道造就不同的水滨特色。随着物质生活的富足，城市居民已经对城市中河道的生态提出了相当高的要求，城市河道周边已经成为城市居民休闲娱乐的重要场所。在规划设计时，应考虑居民需求和当地的自然文化特色，综合研究规划，利用生态学的知识，打造人与自然和谐的滨水环境。

二、河道生态治理的技术措施

（一）河道平面形态

河道治理时，结合生态治理的理念及需求，平面形态既要满足各种社会功

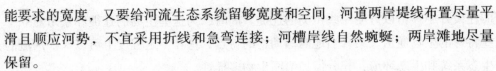

能要求的宽度，又要给河流生态系统留够宽度和空间，河道两岸堤线布置尽量平滑且顺应河势，不宜采用折线和急弯连接；河槽岸线自然蜿蜒；两岸滩地尽量保留。

河线布置决定了治理河段的平面走向和平面形态。河线布置的次序是先布置河道中心线、治导线等控制线，然后据此布置其他设计线。河线布置的基本原则是尽量维持和利用河道的天然形态或者仿天然形态。堤线布置时宜与河势相应，并大致平行于洪水主流线，堤线间距应顾及河势变化，留有适当宽度的滩地，宜利用有利的地形和地质条件，同时，少占压耕地、房屋，还要有利于防洪抢险和工程管理；枯水治导线应该满足河道生态系统对生态环境流量和生态水位的要求。

（二）滨水岸缘区的技术措施

河流的生态岸缘具有稳固河岸、净化径流、增加下渗、保护生物多样性、改善环境、提供旅游和休闲服务等多种功能。河道生态治理时，常用的护坡形式有植被护坡、三维植被网草护坡、框格植草护坡、干砌石护坡、石笼护坡、生态袋护坡等。

1.植被护坡

植被护坡最接近天然岸缘，既是一种生态护坡，也是一种传统的护坡形式。主要优势表现在以下几个方面：一是植物的茎叶可以缓冲雨滴下落的冲击，根可以起到表层土层加固的作用，减少坡面土粒的流失；二是植物的存在，增加了边坡的粗糙度，消减水流对岸坡的冲刷，降低岸坡崩塌的概率；三是繁茂的岸坡植物，为各种小动物提供栖息的场所，有利于提高生物的多样性，恢复受损的生态系统；四是植被通过过滤、吸附地表径流中的悬浮物和其他污染物，起到改善水质的作用。当然，植被护坡也有其缺点，抗冲刷能力差，适用于较缓的边坡，植被有其生长的过程，见效慢。

2.三维植被网草护坡

三维植被网护坡是指利用活性植物并结合土工合成材料等工程材料，在坡面构建一个具有自身生长能力的防护系统，通过植物的生长对边坡进行加固的一门新技术。依据当地区域气候、土质及边坡的地形地貌等特点，在边坡表面先铺筑土工合成材料一层，后按设计好的间距与组合种植具有多种功能的水生及陆生植物。通过植物的根系的生长达到护坡加筋的目的，通过茎叶的生长达到护坡防冲蚀的目的，经过以上种植植物的生态技术处理护坡，可在坡面形成具有保护作用的植被覆盖层，盘根错节的根系在表土层形成一个保护面，能够有效抑制降雨过程中形成的径流对边坡的冲蚀，增加了土体的抗剪强度，减小了土体自重力应力和孔隙水压力的影响，从而能够大幅提高边坡自身的抗冲蚀能力和稳定性。三维植草网护坡技术融合了单一植物护坡和单一土工合成材料护坡的优点，起到了复合加固护坡的作用。在边坡上，如果植被覆盖率达到30%时，边坡能承受小雨冲蚀；如果植被覆盖率达到80%以上时，边坡能承受暴雨冲蚀。后期植物生长茂盛时，完全能抵抗流速达6m/s的径流冲蚀，为普通单一草皮的2倍。土工合成材料网的存在，对边坡土壤中水分蒸发的减少及下渗余量的增加均有良好作用。再者，由于土工合成材料网为黑色聚乙烯，具有保温、吸热的作用，可利于植物的种子生根发芽及生长。

3.框格植草护坡

框格植草护坡结合了工程防护硬护坡和植草防护软护坡的特点，应用十分广泛。框格砌块须浇筑在一起或者环环相扣，有较好的整体性，具备一定程度的抗冲刷能力。框格可以根据景观需要制作成骨架形式，如方形的、拱形的、斜梁形的等。框格内可以植草和种植灌木，既有较好的生态效果，也具有良好的景观效果。

框格植草护坡还可以与锚杆或者锚索结合，进行边坡的加固，混凝土骨架固定锚头，组成坡面的约束梁网。框格结构保持河流与陆地和地下水之间的连通，有利于横向水体的交换。水下和水位变动区的框格结构，有利于水生动物、两栖类动物营造良好的生境。框格植草护坡施工工艺简单，施工速度快，经济实用。

现浇框格需要做好坡面排水系统和施工期的临时防护，使植物生长良好，否则坡面框格内的土壤容易被雨水冲刷流失。预制混凝土框格由于空隙小，人工植草麻烦，施工后期需要做好植物养护，否则会影响植物的成活率和整体效果。

4.干砌石护坡

干砌石护坡能够充分利用当地石材，施工简单，造价较低。护坡适应变形的能力较强；护坡有空隙，透水透气性好，消浪作用良好，生态性较好。

干砌石护坡与浆砌石护坡相比，更适应变形，但基本没有防渗能力，抗冲性略差，坡面粗糙。干砌石护坡由人工砌筑，石料的摆放需要人工挑拣，施工人员

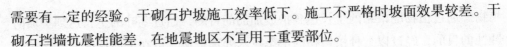

需要有一定的经验。干砌石护坡施工效率低下。施工不严格时坡面效果较差。干砌石挡墙抗震性能差，在地震地区不宜用于重要部位。

5.石笼护坡

石笼是用钢丝、高强度聚合物土工格栅或者竹木做成网箱，内部填充块石或者卵石，进行岸坡防护的一种结构。石笼结构具有以下优点：

（1）适应变形能力强

石笼能够用于填方地基和变形较大的地基，能够适应一定程度的地基不均匀变形。

（2）抗冲能力较强

由于石笼将石块捆在了网箱内，各个网箱可以铰接在一起，从而增加了石笼的整体重量和抗冲能力。

（3）生态性较好

石笼结构的自然透水性有利于边坡排水、土体固结和边坡稳定。石笼结构可以依靠自然恢复植被，也可以表层填土植草，加速植被恢复，实现生态环境的迅速重建。水下石笼的空隙，可以营造河道生物所需的小生境，有利于河道生物多样性，也有利于维持河流的自净能力。

（4）施工便捷

施工方法一般为机械和人工结合，施工简单，效率较高，普通工人即可完成施工。

（5）经济性高

由于适应地基变形的能力较强，可减少基础开挖处理工程量，石料可就地取材，施工周期短，这些都有利于降低工程造价。

6.生态袋护坡

生态袋是由聚丙烯（PP）或聚酯纤维（PET）为原材料制造的袋子，其主要工艺为双面熨烫针刺无纺布加工而成。生态袋护坡是在生态袋里面装土，用扎带或扎线包扎好，通过有序的放置，形成生态挡土墙，一方面通过植被，起到绿化美化环境的作用；另一方面可以起到护坡的作用，可有效地进行边坡防护、河堤护坡、矿山修复、高速公路护坡、生态河岸护坡等，是一种环保、生态护坡绿化新型护坡方法。

生态袋护坡作为一种环保生态的护坡形式，也有其自身特点。生态袋护坡属于柔性生态护坡，适应变形的能力较强。有的生态袋空隙过大，袋状物易在水流冲刷下被带出袋体，造成沉降，影响岸坡稳定；生态袋具有良好的生态性，有利于生态系统的快速恢复；生态袋植物的再生问题；生态袋护坡的整体稳定性较差；施工快速、便捷。

（三）非滨水区域的技术措施

河道生态治理过程中，结合海绵城市建设，非滨水区域宜减少城市中的地表径流，有效地构建低影响开发雨水系统，实现海绵城市的功能，因地制宜采用适用的生态治理技术措施。结合海绵城市"渗、滞、蓄、净、用、排"等技术理念，常见的技术措施有透水铺装、下沉式绿地、生物滞留设施、渗井、渗透塘、调节塘、植草沟、植被缓冲带等。

1.透水铺装

建造透水铺装的面层材料可有透水砖、透水水泥和透水沥青，并可据此分为主要的三类透水铺装。同时，一些鹅卵石和碎石铺装也是渗透性的铺装。

2.下沉式绿地

下沉式绿地在设计时通常会设置雨水口之类的溢流口，用于大雨时能够确保顺畅地排放地表径流；同时应该按照地表土壤的渗透性和种植植物的耐淹性来确定下凹的深度。

3.生物滞留设施

生物滞留设施又有着许多其他不同的名称，主要根据应用位置来称呼，比如雨水花园等。在污染较为严重的区域，生物滞留设施应该选用沉淀池等设施，用于预处理雨水的径流。同时生物滞留设施在设置和分布上应该分散；且规模应该合适，不应该太大。蓄水层的深度同下沉式绿地的下凹深度一样，应考虑土壤的渗透性和植被的耐淹性。

4.渗井

渗井是一类利用井壁和井底对雨水进行下渗的设施。通常在植物缓冲带预处理雨水之后，雨水才能够通过渗井进行下渗。

5.渗透塘

渗透塘是一类洼地，主要用于汇聚下渗后的雨水来补充地下水。渗透塘的作用主要体现在对雨水的净化和对峰值流量的削减。

6.调节塘

调节塘具备渗透塘中削减峰值流量的功能，，又被称为干塘主要有5个部分，分别为进水口、调节区、出口设施、护坡及堤岸。在设计时，也可以根据需要适当合理地使其具备渗透性，使它能够在一定程度上净化雨水和补充地下水。调节塘一般具有0.6～3m深度的调节区，调节塘也可通过种植植物的方式，来具备降低雨水流速、加强雨水净化的功能。

7.植草沟

植草沟是一类地表的沟渠，主要在沟中会种植一定的植被，在降雨之后，能够处理地表径流。它能够在一些单项设施、超标雨水径流排放系统和城市雨水管渠系统之间起到衔接的作用。

8.植被缓冲带

植被缓冲带是一片植被区，该区域的坡度比较缓；该缓冲带中的植物能够一定程度上拦截地表径流，使地表径流的流速得以减缓；同时在拦截过程中也可以对径流中的一些污染物进行一定程度的去除。

第三章　城市内涝防治及排水管道技术的应用

第一节　城市内涝理论及内涝成因

一、基本概念界定

（一）城市规划

1.城市规划的概念

城市规划是指在一定时期内对城市的经济和社会发展、土地利用、空间布局以及各项建设的综合部署、具体安排和实施管理。城市规划是建设城市和管理城市的基本依据，是确保城市空间资源的有效配置和土地合理利用的前提和基础，是实现城市和社会经济发展目标的重要手段之一。

2.城市规划的主要内容

城市规划是人居环境各层面上的以城市层次为工作对象的空间规划。人类的有意识活动都是目标导向的，从本质上讲，城市规划的目标在于消除或抑制发展的消极影响，并增进积极影响。

城市规划的编制分为城市发展战略和建设控制引导两个层面。城市发展战略层面的规划包括城市总体规划，主要研究确定城市发展目标、原则、战略部署等重大问题。建设控制引导层面的规划包括控制性详细规划和修建性详细规划，这一层面的规划必须尊重并服从上一层面规划的安排，从而对具体每一地块的未来开发利用做出法律规定。

城市规划的实施管理是指对各项建设活动进行规划管理,使各项建设对城市规划实施做出贡献,保证法定规划得到全面和有效的实施。

(二)城市内涝

城市内涝定是指由于强降雨或连续性降雨超过城市排水能力,导致城市地面产生积水灾害的现象。城市内涝是比较常见的城市灾害问题,最近几年更加频繁,尤其夏季大城市发生城市内涝现象更加严重。虽然我国城市内涝灾害频发,但是我国总体上属于缺水国家,内涝灾害的发生并不是因为整体水资源过剩,而是短时局部水过剩,导致城市内部产生积水。

(三)城市防洪排涝体系

城市洪水灾害和城市内涝灾害均属于城市水灾,两者形成条件不同,前者是指城市河道洪水泛滥给城市带来的水灾,研究对象是城市客水或外水;后者是指城市内部降雨,由于形成的地表径流超过城市排水能力,使得城市形成积水所造成的水灾,研究对象是城市内水。

城市防洪排涝体系由城市防洪系统和城市排涝系统组成。城市防洪系统主要为防御城市客水而设置的堤防、泄洪区等措施,城市排涝系统主要为防御城市内部降雨形成积水而布置的城市雨水管道、排涝河道等。

城市防洪设计标准和城市排涝设计标准的依据不同,前者是以城市行洪河道所抵御的城市客水的大小为依据;后者是以城市抵御城市内水的大小为依据。其次,城市防洪设计标准和城市排涝设计标准的应用范围也不同,前者主要应用于防洪河道、泄洪区等城市防洪体系的规划设计;后者主要应用于城市雨水管道、排涝河道等城市排涝体系的规划设计,适用范围主要为新建、扩建和老城区改建等城市建成区。

二、相关城市内涝防治理论

(一)城市系统论

系统指由若干相互联系、相互作用的要素所组成的具有一定功能的有机整体。系统论的基本思想就是将事物（包括生物、物体、组织、社会等）看成由各个具有不同功能的子系统所构成的有机整体（一个系统），各子系统又是由一系列的要素所构成。

城市内涝问题的发生不仅与自然环境紧密相关，还与社会环境、经济环境相关。城市内涝的解决也并非只是工程技术所能解决的，更与城市的发展模式、综合管理水平等相关。从城市规划角度而言，城市防涝规划并非属于一项孤立的专项规划，而是与城市规划中其他各部分内容紧密相关，如城市用地规划、交通规划、排水规划、城市综合防灾规划等相关。因此，城市内涝问题无论从其成因、解决方式而言，都并非因为某个单个因素，而是各种因素的混杂交织。

（二）城市生态学

城市生态学是一门研究城市居民与城市环境之间相互关系的科学，其主要研究内容包括城市居民变动及其空间分布特征，城市物质和能量代谢功能及其与城市环境质量之间的关系（城市物流、人流及经济特征），城市自然系统的变化对城市环境的影响，城市生态的管理方法和有关交通、供水、废物处理等，城市自然生态的指标及其合理容量等。城市生态学不仅研究城市生态系统中的各种关系，更重要的是寻求如何建设良好城市生态系统的策略。

（三）反规划理论

"反规划"不是不规划，也不是反对规划，而是一种景观规划途径。本质上讲，"反规划"是一种强调通过优先进行不减少区域的控制，来进行城市空间规划的方法论。"反规划"是城市规划中一种新的规划设计手法，是相对于传统城市规划理念而言的。传统的城市规划理念将城市作为"图"，着重研究城市建设用地布局建设规划，将生态环境作为"底"。而"反规划"的建立则是将"图—底"关系易位，即将生态环境作为"图"，先进行非建设用地的布局。

作为一种城市规划的新途径，"反规划"的根本目的在于为城市的扩展建立一个相对合理的框架，为快速而混乱的城市提供一个循序渐进的、富有伸缩性的框架空间。"反规划"途径，是试图通过建立保障自然生态系统健康的安全格局，来达到解决我国出现的国土安全问题、城市污染问题、交通拥挤问题、建立生态城市问题、城市发展方向问题、城市特色问题以及城市的功能结构问题等。

而解决这些问题的关键是合理解决人地关系问题。

将"反规划"理论应用于城市防涝的途径主要包括以下内容：一是通过对城市建设用地选择的控制，避免不合理的城市开发建设破坏原有城市水循环系统；二是强调城市生态基础设施建设对防涝的重要性。

（四）生态规划理论

"生态规划"是一种新的城市规划理论，指在各种空间类型中，明确区域中具有自然生态和文化沉淀意义的各类景观实体，并划定作为控制实体，优先进行具有前瞻性的空间保护与发展设计，继而在控制格局、环境容量等规则约束下拓展城镇化。

生态规划有别于传统城市规划理论，摒弃过去仅从眼前城市土地开发的需求出发进行规划的做法，注重生态基础设施的保护及控制，颠倒建设用地与生存环境的"图—底"关系。生态规划的主要目的是建立系统的、连续的城镇可持续发展格局，使城市与自然融为一体。

（五）有机疏散理论

有机疏散理论是芬兰学者埃列尔·萨里宁（Eliel Saarinen）在20世纪初期为缓解由于城市过分集中所产生的弊病而提出的关于城市发展及其布局结构的理论。沙里宁认为，城市与自然界的所有生物一样，都是有机的集合体，因此城市建设所遵循的基本原则也与此相一致的，或者说，城市发展的原则是可以从与自然界的生物演化中推导出来的。在这样的指导思想基础上，他全面地考察了中世界欧洲城市和工业革命后的城市建设状况，分析了有机城市的形成条件和在中世纪的表现及其形态，对现代城市出现衰败的原因进行了揭示，从而提出了治理现代城市的衰败、促进其发展的对策——进行全面的改建，这种改建应当能够达到这样的目标：一是把衰败地区中的各种活动，按照预定方案，转移到适合于这些活动的地方去；二是把腾出来的地区，按照预定方案进行整顿，改作其他最适宜的用途；三是保护一切老的和新的城市设施的使用价值。

有机疏散的两个基本原则是：把日常活动进行功能性集中，并对这些集中点进行有机疏散，使原先密集城市得以必要和健康的疏散。日常活动应以步行为主，充分发挥公共交通的主导作用，减少不必要的交通量。把联系城市主要部分的快车道设在带状绿地系统中，使其避免穿越和干扰住宅区等需要保持安静的场所。

三、城市内涝的特征分析

（一）城市内涝发生时空的规律性

城市内涝发生的时间具有很强的时节性。我国大多数城市受到季风气候影响出现雨热同期的现象，强降雨时节大都集中在5月至9月，重特大暴雨之后或者历经持续长降雨以后，城市内涝灾害也随之出现。

城市内涝发生的地点具有特殊的选择性。一般地，城市的某些特定地点发生内涝的可能性较高，比如城市的立交桥、地下车库等。同时，随着全国各地城市扩张和新城建设的推进，许多城市的公共设施面临着排水不畅、内涝严重等许多新问题。例如很多城市过街的地下通道、铁路桥、公路桥降雨后往往会积水很深，甚至持续较长时间。

（二）城市内涝引发后果的连锁性

由于城市各类功能设施网的整体性强，城市各系统间彼此依赖的程度很高，往往某一城市灾害影响了其中某一环节，其他的许多城市系统也会出现连锁反应，形成"多米诺骨牌"效应。

四、城市内涝的影响分析

（一）降低城市人居环境质量

城市内涝一般会影响居民正常生活，甚至引发大量人员伤亡、伤残。城市内涝破坏城市生产的同时，也会影响城市居民的正常生活，比如造成大量人员伤亡，导致许多灾民无处安身、流离失所。城市内涝同时也会引发城市的水电煤气、通信等故障问题，导致大量居民（一些居民甚至长期出现抑郁、惊恐等情绪）恐慌，进而让社会秩序出现短期的混乱失控。

（二）给城市带来诸多潜在危机

城市内涝过后会伴随潜在的生态危机，进而威胁城市长远发展。城市内涝对

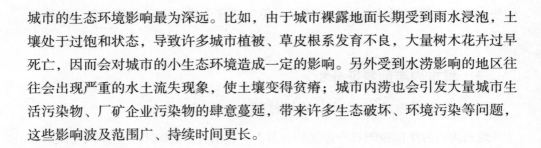

城市的生态环境影响最为深远。比如，由于城市裸露地面长期受到雨水浸泡，土壤处于过饱和状态，导致许多城市植被、草皮根系发育不良，大量树木花卉过早死亡，因而会对城市的小生态环境造成一定的影响。另外受到水涝影响的地区往往会出现严重的水土流失现象，使土壤变得贫瘠；城市内涝也会引发大量城市生活污染物、厂矿企业污染物的肆意蔓延，带来许多生态破坏、环境污染等问题，这些影响波及范围广、持续时间更长。

五、影响城市内涝因素

快速城市化使得各种城市问题集中凸显，城市内涝问题成为我国城市化内涵式发展面临的治理难题。因此，为了提出应对这一难题的有效策略，我们必须对城市内涝问题成因进行系统的分析，并为后期研究打下基础。城市内涝是指由于强降雨或连续性降雨超过城市排水能力，致使城市内产生积水灾害的现象，将城市内涝形成过程分解成四个阶段：暴雨产生—降雨过程—雨水汇集—内涝形成。在不同阶段均有不同的形成原因，隐含着城市化进程中空间、环境、人口、资源等要素之间的矛盾，城市规划的不合理性以及城市空间系统内部的不协调性。在对城市内涝不同阶段影响因素及传统城市规划反思的基础上，剖析致使城市内涝灾害产生的城市规划方面的不足与原因。

（一）自然因素

1.气候因素

（1）全球气候变化导致极端降雨天气增加

近年来，全球出现极端天气现象，这种全球气候变化为人类生存环境带来了极大的影响。近几十年来，我国南部地区受极端天气影响爆发城市内涝灾害事件日趋增多。除此以外，我国北方地区夏季遭受强降雨事件的频次也明显增多。随着城市化进程的加快，全球变暖，影响了全球水循环过程，极端降雨情况不断增多。并且，区域降雨分布格局的改变和降雨的不均匀性导致我国城市出现内涝和缺水两个极端现象。近年来，我国许多大城市出现特大暴雨，甚至遭遇百年一遇的特大暴雨。

（2）城市热岛效应导致暴雨频发

城市热岛效应是指城市因大量的人工发热、建筑物和道路等高蓄热体及绿地减少等因素，造成城市"高温化"。城区气温明显高于外围郊区的现象。在近地面温度图上，郊区气温变化很小，而城区则是一个高温区，就像突出海面的岛屿，由于这种岛屿代表高温的城市区域，所以就被形象地称为城市热岛。形成城市热岛效应的主要因素有城市下垫面、人工热源、水气影响、空气污染、绿地减少、人口迁徙等。热岛效应是人们改变城市地表而引起小气候变化的综合现象，在冬季最为明显，夜间也比白天明显，是城市气候最明显的特征之一。城市热岛效应使城市年平均气温比郊区高出1℃，甚至更多。夏季，城市局部地区的气温有时甚至比郊区高出6℃以上。原则上，一年四季都可能出现城市热岛效应。此外，城市密集高大的建筑物阻碍气流通行，使城市风速减小。由于城市热岛效应，城市与郊区形成了一个昼夜相同的热力环流。城市热岛效应使得城市与周围地区上空冷、热气流交汇，产生强降雨过程，从而改变城市及周围地区的降雨时空分布，这就形成了城市雨岛。

（3）城市暴雨强度比较分析

暴雨强度是指降雨的集中程度。一般以一次暴雨的降雨量、最大瞬间降雨强度、小时降雨量等表示。我国气象部门规定，24小时降水量为50毫米或以上的雨称为"暴雨"。按其降水强度大小又分为三个等级，即24小时降水量为50～99.9毫米称"暴雨"，100～200毫米以下为"大暴雨"，200毫米以上称"特大暴雨"。城市暴雨强度不仅能够反映城市在某一时段产生的最大降雨量，也能反映该城市在这个时段所需要的排水能力。

2.地理条件因素

（1）地形复杂地区自然排水不畅

城市的地理、地势条件是构成城市内涝灾害的重要影响因素。城市建设用地选址一般倾向于地势较高和环境较好两个条件，地区生态系统有良好的排水机制，可一定程度地避免城市内涝灾害。但是，城市规模不断扩大，城市建设逐步在地势平坦或低洼地区进行，人工化的城市环境改变了雨水汇流机制，导致低洼地区自然排水不畅。例如，以低山和丘陵为骨架的南京市，地形复杂，境内地势起伏不平，城市主要建成区分布在秦淮河和金川河的河谷平原，两河谷平原海拔均低于长江下关汛期水位，一旦城市发生暴雨，雨水不能自流排江，易发生城市内涝灾害；济南市由于城市周边山体不断被开发，雨水径流顺坡急速冲刷，也会给城市带来内涝风险。

（2）自然洼地缺失导致人工洼地成为积水点

城市空间扩张改变了城市土地利用特性，把原本具有自然蓄水功能的水塘和湖泊等自然洼地填为建设用地，降低城市水体调蓄雨洪功能，增加地表径流。同时，一些城市建设形成了人工洼地，例如立体化的道路广场、地下空间开发和立交桥的地下涵洞等。当城市发生强降雨时，人工洼地排水不畅，容易成为雨水积水点，引发城市内涝。

（二）人为因素

1.城市规划理念落后

对于传统城市规划体系，关乎城市生存的城市规划理念相对落后，缺乏新的理念指导工作。传统城市规划注重城市经济社会发展，对于城市复杂空间和城市安全的重视度不足，需要利用更多新的城市规划理念共同解决城市灾害。随着城市化的发展，城市内涝问题也日益严重，过去仅依靠给水排水专业解决城市内涝问题，即主要利用灰色基础设施组织排水，不能从根本上避免城市内涝的发生。

2.城市开发建设的影响

（1）城市建设扩张，不透水面积不断扩大

大规模的城市建设改变了原有的自然排水系统，导致河流、湖泊和湿地等城市水系减少。同时，我国快速城市化模式导致下垫面改变，土地硬化现象严重，多为不透水地面。城市不透水面积的增加，一方面导致径流系数增大，洪峰提前；另一方面，使得雨水下渗量减少，地面截流作用变差，地表径流的汇流时间变短。

（2）城市建设占用行洪河道，导致排水困难

城市建设占用行洪河道的例子在全国比比皆是，例如安徽亳州、珠江三角洲地区的广州、深圳和佛山等城市。广州市随着城市建设的发展，侵占行洪河道的建筑逐渐增多。1994年，广州市曾出现严重内涝，原因在于行洪河道变窄，使珠江水道洪水位升高，造成排洪不畅，给周边居民和商场带来严重的损失。济南城市快速扩张，打破原有自然排水体系，市区部分河道被占用或填埋，增加地面雨水汇集量，市内唯一外排河道小清河也不能满足特大洪涝的排出要求，一旦城市发生强降雨，小清河下游水位上涨，对城内河道产生顶托，雨洪不能及时外排，造成低洼地区内涝。

（3）高强度土地开发，水循环系统遭到破坏

城市现代化速度过快，大规模高强度的城市土地开发破坏了原有植被，忽视防洪排涝工程系统建设，造成严重水土流失，使得新开发区发生城市涝灾。例如深圳市，1993年曾两次发生城市暴雨内涝灾害，原因在于大规模的土地开发，造成水土流失和河道被侵占，破坏了原有自然排水系统和调蓄系统，甚至使其消失。

3.城市规划编制过程的影响

城市规划是指对一定时期内城市的经济和社会发展、土地利用、空间布局以及各项建设的综合部署、具体安排和实施管理。合理的城市规划可减少城市化过程给城市发展带来的不利影响，而不合理的城市规划会引发城市内涝等灾害。

（1）城市总体规划层面对城市内涝灾害的重视不足

在传统城市总体规划初期，对城市下垫面的变化及其对城市水系统的影响考虑不足。随着城市化进程加快，城市空间扩张逐步向地势低洼地区发展，增大城市排水系统的压力。城市防涝没有作为城市空间形态确定的重要影响因素做系统考量。

（2）城市规划编制缺乏对雨水控制利用系统规划的研究

传统城市总体规划和城市控制性详细规划阶段没有考虑雨水控制利用系统专项规划。雨水控制利用系统可以弥补传统雨水排水系统不能综合解决水系统问题的缺陷。

（3）城市排涝规划与其他专项规划之间缺乏协调

目前，城市排涝规划与城市其他专项规划的协调性比较差。城市排涝规划注重提高排水管网以及泵站的排水能力，导致耗资较大，见效较慢。例如，南京市的城市道路竖向规划与排涝规划之间缺乏协调，导致很多广场和街边公园的竖向标高高于周边用地，一旦暴雨发生，雨水排向道路和低洼地区，加重城市内涝灾害。

4.排水设计问题

（1）城市雨水系统理论落后

传统城市雨水系统主要从城市水文学角度进行研究讨论，注重对径流系数以及合理化公式等的修编及调整，已很难满足现代城市设计的需要。城市雨水的传统水文学研究相对滞后，且城市雨水系统基础数据不易获取，导致新型雨水控制

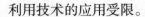

利用技术的应用受限。

（2）城市排水系统建设标准偏低

我国城市排水规划设计主要依据《城市排水工程规划规范》以及《室外排水设计规范》。在这两个规范中规定，雨水管渠设计重现期主要取决于汇水地区性质、地形特点以及气候特征等条件。一般地区的重现期为半年到3年，重要地区的重现期可提高到3年到5年，并结合道路设计进行调整，特别重要地区或者特定工程可根据实际情况酌情增加重现期取值。在城市排水系统设计中，如果不是特定地区或者特定工程的特殊要求，重现期取值一般在5年以内，因此当城市遇到50年到100年的暴雨情况时，城市排水系统的排涝能力远远不能满足大重现期的雨水排放要求。例如，太原市的排水系统设计标准就比较低，城市雨水系统的最大重现期取值仅为1年，发生内涝灾害最严重的中心城区的原有雨水系统的重现期仅为半年左右。

另外，我国城市建设一直是"重地上轻地下"，对地下排水设施建设的重视不够，不能与城市发展的速度相匹配，导致城市排水设施不完善以及排水管网布置不合理。许多城市均出现下游管道管径偏小或者管道位于排水系统末端的现象，导致城市因积水而形成内涝灾害。

（3）暴雨强度公式的局限性

暴雨强度公式是在假定对暴雨的观测为无限长的情况下，采用多个样法来计算雨水设计流量的推理公式。因此，暴雨强度公式是否符合实际情况取决于暴雨资料的年限，年限越长，公式越符合实际情况。

（4）城市防灾系统不完善

当城市发生内涝灾害时，良好的城市防灾系统可利用排涝设施及时将积水排出，减少城市内涝灾害的损失。然而目前我国城市防灾系统不完善，排水设施建设的缺陷，导致城市无法应对频发的异常暴雨，不能满足高降雨的需求，从而加重灾情。

（5）城市规划管理

城市内涝问题频发，一定程度上也反映了我国城市规划管理的不足，在理念和方法等方面不能满足快速城市化进程中的城市空间扩张的需求。我国城市规划管理存在如下一些问题：规划管理部门相互脱离，缺乏综合性；对城市突发性灾害缺乏预见性以及科学预测；面对突发性灾害，城市的应急处理能力较弱等。

城市规划管理不善，排水系统维护缺乏重视，造成局部地区因排水能力不足而形成城市内涝。在排水系统使用时，各种垃圾进入城市雨水管道，缩小过水断面，降低管道排水能力；在排水系统管理及维护时，许多原有排水系统被损坏，在旧管网改造时管网连接混乱，雨污水管混接，造成排水不畅；另外，为改造工程造成雨水管道设施被截断等。

第二节　城市防涝体系构建

一、城市防涝体系的构建

造成城市内涝除了自然原因之外，更多的是人的原因，特别是不科学的城市发展规划和建设。我国快速城市化进程导致城市开发活动过分注重眼前利益而忽视长远利益，从长远看，必然受到自然规律的惩罚。

许多大城市接连发生城市内涝灾害，暴露出我国城市在应对暴雨等突发灾害方面的诸多不足，引发了城市规划行业的思考：城市发展规划和建设在一定程度上是导致城市内涝灾害的原因，但如果合理安排，也是城市内涝防治的重要措施和抓手。下面笔者从城市规划的角度提出应对当代城市内涝灾害的一些重要策略，以及如何构建城市防涝体系。

（一）规划理念控制内涝

在解决城市内涝问题上，我们应先从城市规划理念上进行转变，主要包括生态规划理念、城市主动防灾理念及弹性规划理念。

（二）城市建设控制内涝

在城市建设和开发过程中，我们应长远考虑，对城市防涝给予高度重视。借鉴国内外城市内涝防治经验，反观国外如法国巴黎至今仍使用一百多年前建设的排水系统，且排水系统能经受住百年城市规模扩张的考验；国内如江西赣州古城的排涝体系仍被后人受用，这些均说明我们应选择有利于城市防涝减灾的城市开发建设模式，使城市与自然和谐相处，得以可持续发展。此部分内容主要从用地布局、城市道路与竖向设计、生态基础设施规划、城市排水设施建设、城市防涝灾害系统规划、利用雨水资源等方面提出应对措施。

反观我国城市排水系统设计标准与技术方法，均是静态的，很少充分考虑安全因素，且排水设施规划没有更高的标准和更充分的预见性，因此我们会从提高排水设施设计标准和修订暴雨强度公式两方面提出应对措施。

（三）规划管理控制内涝

面对突发性城市内涝灾害，我们应加强城市规划管理工作的规范化和系统化，具体应该从以下两个方面着手：一方面，加强新技术在城市规划管理工作中的应用，即建立城市防涝管理系统；另一方面，加强防涝工作的立法和问责机制，让防涝工作有法可依，城市规划管理工作更加公开、透明。

二、规划理念控制内涝

城市规划是城市建设和发展的蓝图，体现了政府对城市发展的政策导向，能够在合理调整城市布局、协调各项建设、完善城市功能、优化城市土地和空间资源配置等多方面发挥重要作用。城市规划的好坏关系到城市总体功能能否有效发挥，城市各系统之间能够协调发展。然而，我国现在的城市建设具有很大的随意性和盲目性，导致严重的生态环境破坏，城市内涝灾害等城市问题日益严重，城市空间规划和城市排水系统建设均面临严峻的考验。

城市规划理念的变革是解决城市内涝问题的前提。城市规划是需要用不同的规划手段加以协调的系统工程，既要重视物质空间环境，也要体现城市的可持续发展和人文关怀。我国传统城市规划缺少足够的弹性和适应性，必须用新的规划理念改革城市规划工作。转变城市规划理念应从三个维度展开：主动防灾理念、弹性规划理念、生态规划理念。

（一）主动防灾理念

目前，我国城市规划中仅对地下空间尤其是人防工程考虑主动防御空袭，其他城市空间规划主要从城市居民生活、生产和游憩等功能提出布局方案，很少从主动防灾角度考虑规划布局。在我国古代都城建设中就非常重视城市主动防灾问题，《管子》书中指出："凡立国都，非于大山之下，必于广川之上。高勿近旱而水用足，下勿近水而沟防省。"因此，在面对越来越多的城市内涝灾害时，应根据城市内涝灾害问题，提出主动防灾理念。

从城市整体空间布局结构到规划的具体落实均应主动考虑城市防涝要求，在一些涝灾严重区域，城市规划还应优先考虑防涝。

（二）弹性规划理念

传统刚性城市规划的各项因素具有静态和硬性特征，不能适应现代城市建设的需要，因此弹性规划是城市规划新的发展方向。

弹性规划理念是指在城市规划过程中，对合理规模预测及制定城市发展政策等具有较大的灵活性，即使城市系统受到某些突发事件的影响，也能够保持城市整体系统的稳定性和可调性。弹性规划是动态规划模式，必须注意城市规划近期、中远期和远景规划的结合。弹性规划集中表现在对城市人口规模定量预测、城市建设用地布局规划和城市发展政策的制定等方面。

（三）生态规划理念

针对与大尺度规划相结合的思路，我们应以生态规划的理念和技术对城镇体系规划和城市总体规划进行指导，具体应该采取以下措施：一是城镇体系规划的核心要求是合理保护与开发区域自然景观等，实现城市化健康发展，因此必须对根本性的区域非发展实体进行有效控制和规划，合理确定城镇的发展拓展空间；二是在城市总体规划层面，可以把生态规划的指标体系和评价方法运用其中，即按照生态优先的原则，统筹确定城市规划区内土地及空间资源的使用，合理确定城市用地空间布局，明确对下位规划建设的要求，保证生态理念逐级落实。

三、城市建设控制内涝

（一）城市用地布局规划

城市用地是用于城市建设和保证城市功能运转所必需的空间，既包括城市规划区域范围内的已建设用地，也包括划入城市规划区的非建设用地，如林地、农田、水面等。城市用地布局是城市总体布局的核心内容，用地布局合理性与否是影响城市整体功能运营经济性与否的关键因素。同时，城市用地布局也关系到城市安全性，因此应加强城市用地布局的系统性和整体性，提高城市用地应对灾害的能力。

第一，在城市用地布局之前要进行城市用地适用性评价。自然环境是影响城市发展的一个基本条件，关系到城市的空间形态，影响城市工程的建设经济条件。城市用地的自然环境条件分析是城市规划的基础性工作，自然环境要素主要包括地质、水文、气候、地形、植被、风向等，因此应对城市用地的地质条件、水文条件、气候条件和地形条件进行详细勘察，综合评价，尊重自然状态，趋利避害，城市建设与生态环境保护统筹考虑。

第二，强调城市用地布局合理化。当前我国正处于城市化加速发展时期，城市建设活动破坏了原有相对平衡的自然生态格局。我们必须探索适合城市发展的土地有效利用的方式，提升城市环境质量。根据相关研究结论得出，土地混合利用是近年来城市规划研究的热点，强调土地混合开发，有效引导城市土地与空间合理布局，通过城市各项用地的均衡分布，能够减少钟摆式交通引发的能耗和污染，降低城市空间灾害引发的可能性。

第三，加强城市生态化建设，保留城市天然水体等防灾空间，能够增强城市的自然承载力，提高城市长远发展的安全性。目前，国内许多城市已经出台了保护城市天然湖泊的地方性法规。进行城市建设时尽量不破坏城市天然水体，提高渗水地面比率，避免不合理布局埋下的严重灾害隐患。

（二）城市道路与竖向设计

1.城市道路建设与防涝

（1）减少道路洼地

城市中的低洼地带容易成为城市内涝的多发区域，应减少道路洼地。我们应该限制城市下凹式立交桥、敞口式地下通道、地下车库等工程建设，改造现有此类工程，提高其防涝能力，减少此类场所发生内涝的隐患。

（2）建设生态路面

城市道路建设能够改变地面的自然属性，城市地面硬化导致雨水难以自然渗透，影响了雨水径流特性，解决城市地面硬化问题是防止城市内涝发生的重要前提。非硬化铺设路面能增加城市的地面渗水能力和可渗水地面面积，将雨水变为地下水，减少地表径流量，因此应改造现有非生态的路面结构为生态路面，应尽量选用透水材料建设城市路面。

2.城市道路竖向设计与防涝

合理的城市道路竖向规划能够从源头上降低城市发生内涝问题的可能性，道路竖向规划应与排水系统相协调，制定有针对性的城市竖向控制标准。

然而，目前我国许多城市对道路竖向控制重视不足，在以往规划建设中，存在"就地块论地块，就道路论道路"的倾向，城市道路竖向与排水系统不协调。在设计城市道路竖向时，我们应该采取以下措施：一是应该保留自然的顺水流方向的地面坡向条件；二是制定系统的城市竖向分区控制标准，合理确定城市雨水自排区和引导区；三是对于水网密布和平原城市，也应编制道路竖向规划，充分利用城市道路路面能够排放高强度暴雨径流的功能特点。

（三）城市排水系统规划

1.城市排水设施建设

城市排水设施建设是城市防洪排涝的骨干工程，是保护城市水资源和保障城市居民生活环境安全的基础。城市排水设施完善与否是衡量一个国家和城市现代化水平的重要标志，其不仅关系到市民的日常生活，也关系到城市的整体形象和城市安全。

城市排水设施和排水能力决定城市积水的程度。我国城市建设存在重收益轻环境、重短期轻长期、重地面轻地下的通病。由于地下基础设施的投资大，见效慢，许多城市忽视地下基础设施的建设，热衷于搞形象工程，排水设施建设无超前性和前瞻性，甚至没有制定系统的排水设施规划。我国许多城市甚至缺少排水设施，导致有强降雨等突发灾害发生时，给城市的安全带来巨大的隐患，根本经不起城市暴雨的检验。因此，城市规划必须重视城市基础设施的建设，尤其是具有重要作用的排水设施建设。

城市规划应重视城市排水设施的建设，地上、地下并重。城市排水设施建设要和城镇化发展相匹配，统一规划，建立与城市发展相协调的城市排水体系。根据城市的地形、地貌等条件，在梳理和分析城市现状排水系统的基础上，确定城市排水管网的布局和规模。对于已建排水设施，应与城市建设相匹配，保证水池进出水量一致。雨水应就近排放，并实现雨污分流。

2.提高雨水管道设计重现期

我国许多城市的雨水管道是在20世纪80年代以后修建的，受当时国家经济条件限制，雨水管道设计标准偏低，导致许多80年代后新建和扩建的城区发生暴雨积水。为提高城市应对突发性暴雨积水的能力，必须提高雨水管道设计重现期。

欧美国家的城市雨水管道设计重现期一般为10年，日本5～10年，干管的重现期高达50年以上。而我国目前雨水管道设计重现期为1～3年，远低于发达国家。为预防城市内涝灾害，借鉴发达国家雨水管道设计标准，建议城市根据自身发展状况，适当提高排水设施设计重现期。

雨水管道设计重现期标准应根据城市自身发展规模及条件进行确定，高等级的设计标准应高于低等级，可将特大城市及大城市的雨水管道设计重现期的标准适当提高至3～10年，对于一些涝灾多发地区，可将重要干管的重现期提高至10年以上。

（四）生态基础设施规划

1.生态基础设施的内涵

生态基础设施（Ecological Infrastructure，EI）的概念最早见于1984年联合国教科文组织的"人与生物圈计划"研究。MAB针对全球14个城市的城市生态系统研究报告中提出了生态城市规划五项原则，其中生态基础设施表示自然景观和腹地对城市的持久支持能力。随后，这个概念在生物保护领域得到应用，用以优化栖息地网络的设计，强调其对于提供生物栖息地以及生产能源资源等方面的作用。概念提出之初，生态基础设施主要应用于欧洲生物栖息地网络的设计，但如今其应用范围已大大拓展，深入城市规划领域，在区域生态安全格局及城市基础设施规划中均得到应用。

生态基础设施通常有两个层面含义：一是自然区域和其他开放空间相互连接的生态网络系统，二是"生态化"的人工基础设施。认识到各个人工基础设施对自然系统的改变和破坏，如交通设施被认为是导致景观破碎化、栖息地丧失的主要原因，人们开始对交通基础设施采取生态化的设计和改造，来维护自然过程和促进生态功能的恢复，并将此类人工基础设施也称为"生态化的"基础设施。

生态基础设施的三种尺度类型：一是从区域的宏观层面来讲，生态基础设施作为生态安全格局的分析方法，为城市建设提供了一个发展框架，能够科学地对城市土地保护进行有效的识别和优先排序，从而以最优方式制定开发和建设政策；二是从城市的中观层面讲，生态基础设施与城市绿地系统相结合，作为构建城市生态网络的途径，同时维护和修复城市中的自然景观形态；三是从场地的微观层面来讲，生态基础设施可以理解为可持续生态系统的基础结构，作为城市建设的必要组成部分提供维系人们日常需求的场所和服务，满足人们对于工作、居住、生活的需求。具体包括但不限于以下几种类型：生态雨水设施、绿色交通基础设施（无机动车道或绿道）、废弃地修复等。

根据俞孔坚、李迪华等针对我国快速城市化问题和国土生态安全，提出通过"反规划"途径建立城市生态基础设施。在城市规划中，应首先设计城市基础设施，形成高效地维护城市生态环境和土地生态安全的景观格局，即为逆向思维的城市规划方法。

2.生态基础设施规划与防涝

考虑到城市建设需权衡经济效益、社会效益和环境效益三者之间的关系，城市排水设施不可能完全按照最高标准来设置。仅依靠人工排水设施，不能全面应对异常强大暴雨带来的内涝灾害，而且，现有的城市排水管网也不能全部重新改造，因此必须重视城市生态系统的营造，与城市人工排水设施相辅相成。

生态基础设施建设的核心是给城市生态留有余地，必须保证绿地系统和城市水系的整体化和生态化建设。城市绿地及水系不仅具有塑造城市景观和提供休闲游憩场所等功能，在城市发生内涝灾害时，还可以起到蓄水减洪的作用。

借鉴"反规划"理论与生态规划理论，在城市总体规划中应实行生态基础设施导向的城市发展途径，即由充足的城市绿地、渗水地面、水系等构成，充分发挥自然生态系统的渗、滞、蓄、排功能。

防治城市内涝，首先应增加城市绿化面积，充分发挥城市绿网的生态功能，增加渗水地面，降低雨水径流量；其次，在城市建设中避免肆意占用天然湖塘和湿地等城市水系，重视保护与利用城市天然水系，在出现异常暴雨时可起到大规模蓄水的作用。例如，新加坡按照生态基础设施的原理改造河涌，提高河堤的蓄水量，平时作为城市景观，暴雨来临时作为蓄水池，具有较强的适应性和弹性。

（五）城市防涝灾害系统规划

即使一个城市使用非常先进的防灾理念以及拥有完备的防灾设施，仍无法完全消除灾害风险，城市内涝灾害也不例外，因此，一个优质的城市防灾系统是防灾最基础的物质保障。城市防涝灾害系统建设主要从注重常规防涝设施建设以及修建雨水调节系统两个措施来实现。

1.常规防涝设施建设

常规防涝设施主要包括蓄洪水库、防洪堤坝、截洪沟、排水泵站等。

2.修建雨水调节系统

城市中修建雨水调节系统，当城市发生暴雨时，能够把雨水径流的洪峰流量储存起来，降低排水管网的负荷，缓解城市排水系统的压力，增加现有排水系统的承载能力。在严重积水区可以修建地下雨水调节池，地面积水通过特设雨水口流入调节池；城市的天然洼地、池塘以及公园水系等可以改造成天然调节池；通过降低城市绿地、广场等场所的标高建设，形成临时调节池。这些雨水调节系统不仅能够引排地面积水，对于缺水城市还可以起到储蓄雨水和回收利用的作用。

（六）雨水资源有效利用

1.雨水利用与防涝

现代城市排涝应体现蓄、滞、排相结合的思想，减少雨水排放量，增加雨水就地入渗及储存利用。目前，当城市发生降雨时，城市管理者一般只考虑将雨水排放至管道中，对雨水的合理利用缺乏相应的关注和研究。城市内涝虽是一种自然灾害现象，如若有效管理雨水，可变害为利，成为保持城市生态平衡的重要保障之一。

2.引入低冲击影响开发理念

近年来，国外关于城市内涝防治的低影响开发（Low Impact Development，LID）理念得到不断强化。LID理念是一种小型生态控制设施，主要通过基于源头控制和延缓冲击负荷来维持与保护城市水文的功能，手段是构建与自然相适应的城镇排水系统，通过缓解城市不透水地面增加造成的径流系数过大、污染负荷加重、洪峰流量增加引起的危害，从而起到自然净化、补回地下水、雨水就近利用等作用。

LID理念的核心思想是通过采用多种分散的源头控制措施，综合采用入渗、过滤、蒸发和蓄流等仿生态系统的方式，形成有效的城市人工与自然水系统相融合的排水系统，维持城市开发区的水文特征接近开发前的自然水文循环状态。根据相关实际经验可知，LID理念下的城市开发模式能够避免城市开发建设对自然生态的冲击，让城市与自然和谐共生，目前，LID理念已经延伸到城市建设的各个领域，成为一种新型城市发展模式。

在城市开发建设时，可采用低影响开发模式，从源头控制径流量，合理组织城市用地结构，尽可能保留城市原有水系等生态空间，并建设透水地面和下沉式绿地等设施，减轻城市排涝压力。

3.雨水利用途径

根据李宏等学者对雨水利用的景观途径的研究结论可知，雨水利用是一项典型的生态保护技术，在雨水收集利用过程中，变"排"为"蓄"，打造雨水景观，创造宜人的城市生活空间。主要包括以下五个途径：一是在建筑、道路、广场周围适时地建立"雨水花园"，既能满足传统意义的休闲游憩等功能，又能收集净化雨水，补充地下水位等；二是改变传统的设计方式，抬高路面标高，降低绿地标高，并在道路与绿地之间开挖一定深度和宽度的浅沟；三是减少城市建设中不必要的硬化地面，增加绿地，城市绿地应以乔灌草组成的群落为主；四是对现有渠化、硬化的驳岸进行"软化"和"绿化"，建造能够保持水土、防治地表径流和污染、利于护岸的生态型驳岸；五是对能够建设绿地的屋顶建成绿色屋顶，滞留雨水，对不宜建设绿地的屋顶，将屋顶雨水通过雨漏管并过滤后引入地面蓄水池。

（七）修订暴雨强度公式

目前，我国普遍采用的暴雨强度计算公式为推理公式法，公式的理论基础建立在等强度雨型和径流成因概念之上，包括两种标准，其一为最大径流量法，雨水管道断面按最大径流量设计，不计沟道容量调洪能力的利用，该方法适用于丘陵地区及道路起伏变化复杂的地段；其二为沟道容量调洪法，理论根据是雨水管道内各个设计断面的最大径流量并非同时到达，当按最大径流量设计各断面，则沟内产生空隙容积，该方法全部利用了沟道内的潜力，因此对于地形变化复杂地区必须削减其利用系数，否则将不安全。

不同地区水文特性随气候变化而变化，一般气候变化周期为10～12年。考虑到近年来城市气候变化异常，城市出现短历时强降雨的情况增多，每5～10年就应收集新的降雨资料，对暴雨强度公式进行修订，以应对气候变化。

四、规划管理控制内涝

作为城市规划管理者，如果不能拥有精确有效的管理系统和科学严谨的防涝法律体系，即使更新城市规划理念，注重城市规划编制的防涝措施，提高城市排水设计标准等，城市内涝问题仍然无法从根本上通过规划得以解决。

城市内涝的产生涉及许多方面，在分析管理时需要大量数据源，制定高效准确的防涝管理系统能够解决分析管理的难题。城市防涝管理主要包括涝灾前预防、准备、监控，预警，损失评估和灾后重建四个环节。建立城市防涝管理系统的目的是制订预防措施、救灾和灾后重建等计划，精确预测涝灾可能发生的规模、范围以及影响程度是重点。

（一）城市涝灾管理系统

涝灾管理系统应具备预警功能，其运行效力的高低主要取决于即时信息的获取。GIS技术能够高效处理空间信息和属性信息，为灾情分析提供快速精确的应用平台。开发基于GIS的城市防涝管理系统是势在必行的。根据熊苹等学者对GIS技术开发灾难管理系统的研究可知，城市防涝管理系统主要包括以下几点功能：一是在涝灾预防阶段，利用GIS技术管理海量数据；二是在涝灾预警阶段，利用GIS技术规划撤离路线、定位应急中心；三是在应急救灾阶段，利用GIS技术和GPS技术进行定位搜寻抢救；四是在赈灾和灾后重建阶段，利用GIS技术获取损失数据和人员伤亡情况。

（二）城市排水管网系统

国内许多城市排水管网建设老旧且结构复杂，当发生城市内涝灾害时，由于城市管理人员不能及时掌握排水管网数据，导致无法迅速找到症结根源。因此，可应用建立基于GIS系统的城市排水管网系统。GIS系统与分布在排水管网内部的传感系统相结合，当城市发生大暴雨时，实时监测排水管网的水压异常并报警，为抢修排水管网提供宝贵的时间，从而避免城市内涝灾害的进一步放大。

第三节 城市排水管道技术及应用

一、我国排水管道管材应用现状

在城市的市政排水管道建设中，管材的造价占到整个管道工程的一半，并且政府在管道工程上的投资占城市总投资的比例很大，因此不同的管道修复过程中，管材的选择十分重要。排水管道根据管道结构刚度与管周土体刚度的比值分为刚性管道和柔性管道，根据埋地排水管道的发展分为传统管材和新型管材。传统管材包括钢筋混凝土管、陶土管、钢管、铸铁管；新型管材包括PVC管、PE管、玻璃钢夹砂管等多种复合型管。市政工程中的刚性管道一般是指钢筋混凝土管、混凝土管、陶土管；柔性管道则指的是金属管道以及塑料管道。这里对常用的排水管材进行简单介绍。

（一）刚性排水管道

1.钢筋混凝土管

钢筋混凝土管具有抗压能力强、抗老化性能好、耐久性好、管道寿命长等独特优点，管道造价低，可就地取材，制造过程简单，生产技术和施工技术比较成熟，管道强度与壁厚成正比，可根据特殊要求定制不同壁厚规格的管道，在我国城市市政排水管道建设中应用广泛，取得了较好的经济效益和社会效益。

钢筋混凝土管道耐腐蚀程度低，管体自身较重，施工时需采用大型起重机难度较大，钢筋混凝土管轴向受力，在压力作用下变形程度不能超过2%。管道施工由于对基础要求高，需应用于地震强度小于8度的地区，且不得在土质不符合规范的条件下铺设。管节长度为6m左右，管道接口多，连接方式有平接式、套环式、承插式等，大都属于刚性连接，施工过程中管道接口处理不当很难保证管道后期顺利运行。管内水流速度较慢，粗糙系数为0.013，阻力较大，管中污水含杂质较多时对管道磨损较大。因此，当钢筋混凝土管径超过1000mm时优势明显。

2.陶土管

陶土管的原材料由塑性黏土制成，管径不大于600mm，在早年多为含有酸性废水的排水管道使用，或在埋的管道地下水位高且水质具有侵蚀性的条件下使用。管道具有抗腐蚀性强、内外壁光滑、耐磨损、输送能力好等优势，但其材质较脆，易破损，不能远距离运输，单节管长在0.8～1.0m的范围内，接口较多，增加施工成本，现已被市场淘汰，但在建设年代较早的排水系统中仍然存在，因此提出作为非开挖修复对象之一。

（二）柔性排水管道

1.钢管

钢管为管道工程常用管材，具有质地坚固强度高、单节管道较长、管道接口少、韧性良好、抗渗性能好、制造加工简易、抗压抗震、管内杂质对管道内壁磨损小、内壁光滑过流能力好等优势，是一种在各个行业广泛被应用的管材，尤其适合应用在较复杂地形的地区，同样应用于地下水位高且流沙严重的地区。但钢管的刚度小，易变形，管内壁及管表面防腐要求严格，必要时须做阴极保护，施工复杂，需要大量的组合焊接工作，管道造价较高。

2.铸铁管

铸铁管具有抗拉强度大、刚度强、耐压强度较高、延伸率大等良好性能接近于钢管的性能，但其耐腐蚀强，从而避免了对管道进行防腐特殊处理。管道对静力荷载、地面动荷载及局部沉陷的承受能力强，铸铁管可根据不同的需要安装，管件规格齐全，采用柔性接口，拆装方便。在排水工程中适用于对内外压强、渗透能力要求较高的管道环境，铸铁管承受内力压力达到2.0MPa以上，也可输送压力水用于供水管道。

3.PVC管

与金属管材的排水管道相比，新型塑料排水管具有化学性质稳定、质量轻、管内壁光滑、水力阻力系数小、耐腐蚀、密闭性能好、运输安装方便、安装简便迅速、施工速度快、工程造价低等优点。埋地塑料排水管从20世纪70年代开始在欧美发达国家得到应用，这类管材在我们国家"十二五"规划期间也得到了大力推广应用。近年来，埋地塑料排水管道尤其是中小口径管道在西安排水管道新建、改扩建工程中得到了大规模应用。

塑料管材属于难燃材料，分为硬聚氯乙烯管（又称PVC-U管）和PVC管两种，PVC管为热塑性塑料制品，多应用于小管径中。管道的优点如下：管体自重轻，仅为铸铁管的五分之一且不到钢筋混凝土管的三分之一，装运方便，运输费用低则大大降低了施工成本；管道耐腐蚀性能好、使用寿命一般大于50年，管内壁光滑不易结垢、细菌滋生较少，在供水工程应用中不影响水质，不会造成二次污染；管道的粗糙系数仅为0.009，过水能力好，管道的内外压强承受能力强，耐冲击，机械强度大；施工安装方便、连接安全可靠且易于维护。

PVC-U管在管径相同、坡度一致的条件下比钢筋混凝土管的过水能力高30%左右，因此在相同流量下PVC-U管的设计管径可适当缩小，国家曾大力推广使用这类管材，因此PVC管占据市场份额较大，通过近年来的工艺发展成熟，去除了之前生产中的添加有毒助剂，用环保助剂代替并可用于给水管道工程中。

4.PE管

聚乙烯管包括高密度聚乙烯管道（HDPE管）和中密度聚乙烯管，其中排水工程中常用管道为HDPE管，具有耐腐蚀耐酸强、耐高压、耐高温、水密性好、适用范围广等优势。逐渐取代传统管材成为市政排水管道的首选，管道的其他优点为：管道自重较轻、管材强度高、粗糙系数小、管壁光滑、水流阻力小、采用热熔连接的柔性接口、工作人员施工简易、使用寿命可达50年以上。HDPE管道的施工费用较高于其他管材，但其施工时间短节省材料消耗，实际综合造价低。

5.玻璃钢夹砂管

玻璃钢夹砂管是一种复合型材料的管道，属于柔性管道，采用不饱和聚酯树脂、玻璃纤维、石英砂作为主要原料，用缠绕或离心浇铸固化的方法制成。玻璃钢夹砂管最大管径为DN2400mm，纤维缠绕的管径最大可达DN4000mm。近年来，在大口径给排水管道的工程中，一些发达国家如日本、美国等使用玻璃钢夹砂管道的比例超过了25%。

玻璃钢夹砂管道的主要优势为：管道耐腐蚀性好，设计使用年限在50年以上，使用寿命长；管道重量轻，比重为1700～2000kg/m³，运输方便，管道强度高，拉伸强度可达335MPa，最高可达400MPa，管道采用承插连接方式，简单快捷；管道粗糙系数n=0.0084，水流阻力小，仅为钢筋混凝土管道的3/5，在同等管径的情况下，管道流量明显增加；可根据具体项目要求制作管道，适用范围广泛；一根管道长度12m，接头少于混凝土管道2/3，且管道基础要求低，仅须铺设砂垫层即可，无须进行基础养护；玻璃钢夹砂管道密闭性好，施工简单，施工工期短；经过国内外专家研究表明，虽管道单价较高，但大口径排水管道的综合造价中玻璃钢夹砂管占有较大优势。随着复合材料基础研究的不断深入，以及玻璃钢夹砂管道制造水平的不断提升，玻璃钢夹砂管道在相关领域工程中表现出的突出优势得到专业认可，受到专家及同行的推崇，玻璃钢夹砂管道应用越来越普及。

二、排水管道的修复技术

管道修复根据施工条件可分为开挖修复技术和非开挖修复技术。非开挖修复技术相比于开挖修复的优势在于对交通、施工环境影响较小，且不局限于人口密度的大小，使用大型挖掘器械对管道沟渠进行开挖、更换或修复敷设管道后，及时回填沟槽。但开挖施工在人口密集的城市，会对环境污染、经济效益、社会秩序造成多方面的不良影响，使得非开挖技术由于传统开挖技术的诸多弊端而逐渐被取代，并且对于非开挖技术的长久发展起到了良好的作用。

排水管道非开挖修复技术最初主要用于新建工程，之后在沉管抢修和预防性修复工程中逐渐得到应用和推广。非开挖修复技术是采用极少开挖甚至不开挖地面的修复技术，对于现已损坏的排水管道进行局部或者整体修复，使排水管道修复后达到原有管道的承载力，恢复其结构功能。目前排水管道工程中常见的非开挖修复按照修复范围可以分为局部修复、整体修复和辅助修复三大类；按技术可分为折叠内衬法、螺旋缠绕法、穿插法、喷涂修复法、原位固化法、不锈钢套筒法等。

三、非开挖技术在排水管道修复中的优势与存在的问题

（一）非开挖技术的优势

目前，我国排水管道的修复在大多数城市中都是采用开挖、埋管的方法，随着城市的发展，地下管线的错综复杂，道路负载越来越大，造成埋地排水管道在修复过程中存在很多难以解决的技术难题。目前随着城市市政基础设备的不断完善，非开挖管道铺设、维修、更换技术越来越受到专业领域中地下管道行业市政

管理部门的青睐。其主要优势在于管道敷设速度快、交通影响小、施工效率高、不影响环境，对人们的正常工作、生活不造成干扰等一系列的优点。

管道敷设方式的发展从人工地下掘进、常规挖掘铺管到专业设备挖掘、再到精准仪器控制管道铺设方向；非开挖技术的发展过程先为顶管技术、导向钻进铺管技术逐渐研发了微型隧道技术，最终到管道修复、更换技术；发展过程中超大管径、长距离管道、不利地质等技术难题不断被突破；非开挖管道修复技术适用范围广，包括地下污水、给水、电力、通信、天然气、石油、热力等多种行业领域。

（二）非开挖技术存在的问题

随着非开挖修复技术在管道施工行业的发展，国内的管道修复市场正在逐渐成熟，但仍存在许多问题，具体如下：有关技术及管理机构应该尽早制定一些实用的标准和规范，以促进该技术的科学化、规范化、标准化发展；由于缺少各种非开挖施工规范，导致施工质量无法保障，工程安全事故频频发生，其中也不乏出现较大的事故，但是统一的非开挖技术规范相对应的施工标准却是少之又少；技术人才匮乏。随着我国非开挖行业的快速增长，不断引进更多的新型技术，但专业的技术人才、管理人才严重不足，专业施工人员素质普遍不高，所以不但会造成上述时提到的各种问题，并且会成为非开挖技术的进一步引进和发展的阻碍；非开挖技术的发展与我国整体经济发展的不相适应，同样体现在地域之间发展的不平衡性。从地区分布上来讲，西北地区的非开挖修复技术相对单一，目前在西安市应用最多的是紫外线光固化法，而我国东南地区的发展速度是远远超过西北部地区的，仅仅沿海地区如广东、山东、上海、江苏、浙江等省市的非开挖管道修复工作量的比例就达到了全国修复量的90%以上。

四、排水管道修复技术

排水管道的修复技术分为开挖修复和非开挖修复，非开挖修复又分为管道更换技术与管道修复技术，包括整体修复以及局部修复。排水管道的修复技术需根据当地的经济、社会环境来决策。西安市首次利用非开挖技术进行管道修复的是劳动南路7000m给水内衬修复工程；西安市首次利用非开挖技术进行管道更换的工程是曲江新区300m碎裂法管道原位更换。

整体修复可分为4类：原位固化法（简称CIPP）、机械制螺旋缠绕法、喷涂修复法、管片内衬法；局部修复包含点状原位固化、不锈钢套筒法、嵌补修复等。下面主要介绍常用的几种修复方法。

（一）内衬修复法

内衬修复法分为HDPE内衬及玻璃纤维等复合材料内衬。内衬法具有施工速度快、可靠性强等优势，应用十分广泛。HDPE内衬法适用管径为DN200～DN600；法国东部一实验室的试验显示混凝土管在受力65kN时变形2mm管道断裂，混凝土管内衬HDPE后在受力85kN时变形1.8mm但管道未发生断裂。结果显示内衬HDPE的混凝土管抗压强度比无内衬的混凝土管提高了两倍。

含玻璃纤维等复合材料适用管径为DN200～DN1500。修复后的管道不仅可以防腐防渗，而且可以通过增加内衬厚度的方式来增加管道的结构承载力，并且修复后管道的粗糙系数远小于原管道，因此对管道的过流能力影响不大。

1.拉入法CIPP紫外光固化

紫外光固化适用于DN200～DN1600的排水管道修复，是将玻璃纤维编织成管状，浸渍或注入树脂后拉入原有管道，在紫外灯的作用下固化形成具有一定强度的内衬管以实现管道修复加固的目的。根据待修复管道需求设计内衬壁厚，内衬含树脂材料不同其固化度是不同的。理论设计厚度为3～16mm，根据ASTM标准计算显示内衬层厚度较大时不能采用紫外光固化工艺。目前内衬壁在5mm厚度内的修复质量是可以保证的，当管道内衬厚度超过8mm时不宜再采用CIPP紫外光固化法施工。因此在实际工程中多应用于管径较小的管道，但紫外线灯架等配套设备昂贵，引进设备经济压力较大，在这一方面限制了其应用范围。

2.CIPP翻转法原位固化

CIPP翻转法具有施工设备占地面积小，施工过程简单，内衬管道经久耐用的特点，CIPP翻转法是将管道翻转进入待修复管道后，加热管道内的水至一定温度，保持一定的时间，使内衬软管中树脂固化形成内衬后，粘贴在待修复管道内壁上，内衬厚度一般最大为9mm，但修复过程中热水温度控制不佳导致施工质量无法保证是目前此类修复方法的一大劣势。

3.螺旋缠绕法

螺旋缠绕法是采用机械缠绕的方法将带状型材在原有管道内形成一层连续

的、高强度且具有良好水密性的管道内衬修复方法，可用于混凝土、玻璃钢夹砂管以及塑料管的修复，适用于200～3000mm的管道，其最大的优势是可带水作业，螺旋缠绕法内衬管直径不应小于原管道内径的80%，技术特点在于管道输送能力损失小，可进行长距离修复，但施工成本高。

4.折叠内衬法

折叠法是设备将管道折叠为"U"形或"C"形，缩径量控制在30%～35%左右，用非金属缠绕带捆绑固定后牵引拉入原管道，再通过加压或加热的方法使其完全膨胀复原，适用于管径DN100～DN1200mm。其优势为折叠后收缩率高，内衬管穿插较为顺畅；内衬管道和原管道之间无须注浆，过流断面损失小；管道无接缝，一次修复作业距离长等。主要缺点是管道发生结构性缺陷时，施工较为困难。该技术的优势及局限性与缩径法大致相同。

（二）离心喷涂法

离心喷涂法是指用特定涂料对排水管道内壁进行防腐和防渗的方法，修复之前应用高压气体携带水和碎石对排水管道内进行清洗，由于石子的撞击，将排水管道内壁的附着物击落，自出口处排出；修复时将预先配制好的特种水泥灰浆修复材料泵送到位于管道中轴线上由压缩空气驱动的高速旋转喷头上，材料在高速旋转离心力的作用下均匀甩向管道内壁，同时旋转喷涂设备在牵引绞车的带动下沿管道中轴线缓慢行驶，使修复材料在管壁形成连续致密的内衬层，可往返增厚。

离心喷涂法工艺灵活，不受管内结构影响，具有全结构性修复且效果永久、承载力强；内衬喷涂均匀、致密、结构稳定；成本低。适用于雨水、污水等管道，适用管材为混凝土管、陶土管、铸铁管、钢管及塑料管材等。但无法对凹凸不平的涂层进行非人工修复性抹平。

1.水泥喷涂内衬

该技术开始于20世纪30年代，喷涂法最开始使用的喷涂材料，一般喷涂厚度为4～6mm，养护时间较长，由于水泥的碱性对水质的影响和耐久性较低的原因，仅有部分项目通过水质检测。喷涂材料水泥可缓慢溶解入水中，修复后的表面过于粗糙，会迅速结垢，影响过流断面。

2.环氧树脂内衬

由于喷涂材料的改进，在90年代初环氧树脂内衬开始广泛应用，迅速成为非

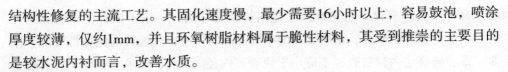

结构性修复的主流工艺。其固化速度慢，最少需要16小时以上，容易鼓泡，喷涂厚度较薄，仅约1mm，并且环氧树脂材料属于脆性材料，其受到推崇的主要目的是较水泥内衬而言，改善水质。

3.高性能灰浆内衬

由于时代的发展，人们的环保意识逐渐增强，环氧树脂内衬含有可挥发有害气体，逐渐被高强度纤维增强特种灰浆取代，其可对管道进行结构性修复，设计寿命超过50年，浆料亲水可在潮湿基体表面喷涂，待修复管道预处理较简单，修复材料能与管内壁紧密结合，充分发挥原有结构的强度。抗渗透性能强，并且对H_2S等气体对混凝土的腐蚀进行有效的抵御。适用于管径DN700mm以上的管道。例如厦门安越公司的CCCP技术中使用的MS-10，000灰浆材料，以及PL-8，000灰浆材料，斯普瑞洛克公司的Spraywall材料，以及凯诺斯公司的卫盾R3，R6材料。

4.抗拉骨架

对于结构性缺陷严重的大直径管道，可在管内添加钢板、钢筋网、纤维格栅等抗拉骨架，增加管道内衬结构设计强度，使修复后管道可承担荷载达到标准值以上。

局部修复法可以概括为一大类修复方法，为针对排水管道内局部缺陷譬如管道局部破裂、错节等病害所采用的修复方法，该类方法有很多，如：嵌补法、钻孔注浆法、套环法、局部内衬法和不锈钢快速局部修复工艺。主要适用于混凝土管、钢筋混凝土管、塑料管等的修复，适用管径范围较大，为DN100～2500mm。该类方法的优点是修复针对性强、修复效果好、使用寿命长等。

第四章 城市防汛系统的设计与应用

第一节 城市防汛应急预案响应措施的有效性评估

一、城市防汛应急预案有效评估体系

（一）应急预案相关概念

1.应急预案的含义

应急预案是针对可能发生的突发事件，为迅速、有效、有序地开展应急行动而预先制订的方案。用以明确事前、事发、事中、事后的各个进程中谁来做，怎样做，何时做以及相应的资源和策略等的行动指南。突发事件的随机性与破坏性使得突发事件的应对与处置需要多个部门的协作，而常态体制下的工作机制无法满足应急状态的需要。因此，需要建立一种适应应急状态的工作机制。应急预案应运而生。应急预案的现实作用就是在不改变现有体制的基础上，建立应急状态下的工作机制与应急流程，通过对应急预案的宣传、培训与演练，磨合机制、锻炼能力，在突发事件发生时能够快速有效应对。

2.应急预案有效性的内涵

"有效"一词有两种解释，一是有成效、有效果，二是有效力。对于该词，本书采用第一种含义，有效的应急预案即有成效、有效果的应急预案。"有效性"是指完成某种活动和达到某种结果的程度。

根据上述对"有效"和"有效性"的解释，应急预案的有效性应是指应急预案指导突发事件处置和实现预期应急效果的程度。通俗地说，有效的应急预案是

这样的：突发事件发生前，基本能指导应急准备；突发事件发生时，基本能指导应急监测和预警活动；突发事件发生后，基本能指导应急处置活动并有效降低人员伤亡、财产损失和环境破坏；应急处置结束后，基本能指导恢复重建与调查总结工作。

3.城市防汛应急预案

（1）应急预案体系与分类

我国的突发公共事件应急预案体系由总体应急预案、专项应急预案、部门应急预案、地方应急预案、企事业单位应急预案、重大活动应急预案六类构成。

按行政区域，可分为国家级、省级、市级、区（县）和企业应急预案；按时间特征，可分为常备应急预案和临时应急预案（如偶尔组织的大型集会等）；按突发事件类型，可分为自然灾害、事故灾难、突发公共卫生事件和突发社会安全事件等预案；按应急预案的适用对象范围进行分类，可分为综合应急预赛、专项应急预案、部门应急预案和现场应急预案。

（2）城市防汛应急预案的功能

根据应急预案的内涵可以看出，应急预案有两种功能，一是预防与准备；二是指导突发事件的应对。总体预案是纲领性预案，它的功能是"确定应急战略"；专项预案是针对某一种或几种突发事件而制定的预案，它的功能是"指挥应急战役"。

按突发事件性质的话，城市防汛应急预案属于自然灾害类应急预案；而按照功能来说，城市防汛应急预案则属于专项应急预案。综合来说，城市防汛应急预案是地方自然灾害类专项应急预案。

由此可见，城市防汛应急预案是城市针对暴雨洪水等汛情而制定的用于指导防汛"战役"的应急准备、监测预警、应急响应、善后处置与调查总结的纲领性指南。

（二）城市防汛应急预案有效性的影响因素

1.城市防汛应急预案的构成与作用机理

城市防汛应急预案是城市防汛应急工作的指导书，应明确城市防汛工作的任务，即应急准备、监测预警、应急响应、善后处置等环节的具体任务。城市防汛应急工作的实质就是防汛主要责任单位根据汛情的不断变化，参考应急预案规定的各项措施，生成应对方案，并对应急资源进行协调，降低汛情对城市承灾体的影响。在应对不同的突发事件时，应急预案所能发挥的作用与功效不尽相同。我们只有明确了城市防汛应急预案的作用机理，才能使应急预案在面对不同的情景时，均能发挥最大的作用与功效。

城市防汛应急预案的作用机理是城市防汛应急预案向应对主体提供关于城市防汛的情景设置和各情景下的职责分工使应对主体清楚其在整个防汛过程中的角色和职责；应对主体在发生汛情后，根据汛情发展适时调整城市防汛应急预案，生成应对方案，并通过对应急资源的合理调动来落实各项应急措施，有效降低或消除汛情带来的不利影响；但即便应对主体采取了恰当的应急行动，突发事件依然会造成某些后果和影响，应对主体也会在应对过程中积累经验教训，负责应急预案维护的单位和人员将根据这些后果影响和经验教训对城市防汛应急预案做出适当的调整和修订，以保证城市防汛应急预案能够适应复杂多变的防汛形势。

2.城市防汛应急预案有效性的影响因素

应急预案的全生命周期主要包括四个阶段：应急预案编制、应急预案审批、应急预案使用与应急预案修订。在这个漫长的生命周期中，有很多因素都会影响到应急预案有效性的发挥。这里将仅从应急预案编制过程和应急预案自身质量两个方面来分析影响城市防汛应急预案有效性的因素。其中，应急预案自身质量的分析要借助于应急预案作用机理来展开。

根据城市防汛应急预案的作用机理，我们可以归纳出有效的应急预案应包含的四大要素，即合理的情景设置、明确的责任主体、充足的应急资源和有效的响应措施。

情景设置是对应急预案适用情景的设定，包括事件、事件规模和事件影响三个部分。它是应急预案展开的逻辑起点和根本依据，整个应急预案就是围绕情景展开。在城市防汛应急预案中，它的情景包括：汛情发生的范围与持续时间、人员伤亡、财产损失和基础设施损毁情况等。如果城市防汛应急预案的情景设置不恰当，那么它就缺乏针对性，其余部分无论编制得多么完美，也无法有效实施。

责任主体就是应急预案的实施主体。应急预案应明确责任主体及其职责分配。在城市防汛应急预案中，责任主体包括整个城市防汛工作涉及的所有单位或部门，如气象、公安、交通、医疗、宣传等。职责分配的方式有两种，一是按照防汛工作的任务来分配责任，二是按照部门的工作性质和特点来分配责任。如果应急预案的责任主体不明确，则会延误防汛工作的最佳时机；如果职责分配不合理，则会导致防汛工作的低效率和高成本。

应急资源是应对和处置突发事件所需要的各种要素，主要包括：人员、物资、装备和设施等。防汛应急资源是开展城市防汛工作的重要保障，是保障应急措施落实的物质条件。没有应急资源保障的应急预案是"无米之炊"。因此，防汛应急资源保障的充分性直接影响着防汛工作的效果。

管理学的一个基本范式是"工作制度化、制度流程化、流程措施化"。按照汛情发展的过程，我们可以将城市防汛应急管理的流程分为应急准备、监测预警、应急响应、后期处置与调查总结，而这些环节就是一个个既独立又相关的任务，任务的分解产物就是措施。城市防汛应急预案不仅要保证相应措施的不遗漏，而且要确保相应措施的可落实，还应保证工作机制的完善性。

由此可见，防汛应急响应措施是城市防汛应急预案的核心要素。规范的编制过程、合理的情景设置、明确的责任主体、充足的应急资源都是为了保证应急预案应急响应措施的有效。

（三）城市防汛应急预案有效性评估体系

根据上述影响城市防汛应急预案有效性的因素分析，可以建立城市防汛应急预案有效性评估的总体框架，并为各分项评估指标建立指标体系。

1.编制过程的规范性评估

应急预案编制是一项系统性的工作，涉及若干相对独立的步骤。应急预案编制过程主要有以下几个步骤：组建编制小组；危险分析；应急能力评估；应急预案编制；应急预案评审与发布。

应急预案编制过程大致可分为前期准备、中期实施和后期完善三个阶段。应急预案编制过程的规范性在很大程度上决定着应急预案的有效性。我们可以基于应急预案编制过程的三个阶段来建立应急预案编制过程有效性评估体系。

应急预案编制的前期准备工作将在很大程度上决定应急预案编制过程的长短和应急预案质量的好坏，因此前期准备是不可或缺的。前期准备的主要内容应包括：成立编制小组，确定开展工作的方式与沟通机制；明确应急预案编制的目的与意义；分析应急预案编制过程中可能遇到的困难、挫折与对策；设定编制进度等。该环节应重点考察应急预案编制小组成员的代表性和权威性。

　　如果将应急预案编制过程看作盖房子，那么前期准备就是"打地基"，中期实施相当于"搭框架、砌砖瓦"，后期完善则是"找漏洞、补缺口"。中期实施是一个相对漫长的过程，其涵盖的内容较多，主要包括：风险分析、确定职责、分析资源、确定响应程序和措施、形成预案等。该环节应重点考察环节的完整性与严谨性以及编制依据的正确性。

　　应急预案编制完成后，需要经过后期完善才能对外发布。后期完善主要包括三个步骤：一是组织评审，二是根据评审意见进行完善，三是对外发布。预案的编制程序至少要包括专家评审、征求上下级意见和横向部门意见几个环节。目前的评审环节主要是由应急预案编制单位自行组织，评审的客观性难以保证，有必要增加第三方评估，以提高应急预案的质量。完善环节应该由专人负责追踪，收集反馈意见，以确保应急预案的相对完备。对外发布环节相对简单，但须注意做好应急预案的分发记录，以便在应急预案修订与更新后重新发布。该环节应重点考察应急预案要素的完备性。

　　2.情景设置的合理性评估

　　根据上述分析，结合城市防汛的实际，城市防汛应急预案情景设置主要包括两部分内容，分别为情景规模的合理性和情景影响的全面性。据此，我们构建了城市防汛应急预案情景设置有效性评估体系。

　　城市防汛应急预案情景规模的合理性评估主要考察应急预案设定的汛情规模与现实防汛形势及自身应急能力的匹配情况；城市防汛应急预案汛情影响的全面性评估重点考察应急预案是否涵盖了汛情可能造成的所有影响和后果。

　　3.责任主体的明确性评估

　　城市防汛工作责任主体有效性评估应关注责任主体的三个方面，即责任主体的完整性、职责分配的合理性以及工作机制的完善性。据此，我们可以建立城市防汛应急预案责任主体明确性评估体系。

　　责任主体的完整性评估重点考察应急预案是否明确了与城市防汛工作有关的所有单位或部门；责任分配的合理性评估重点考察责任划分是否到位，即是否有遗漏、交叉或重叠；工作机制的完善性评估重点考察应急预案规定的工作机制能否保证防汛工作的顺利开展。

　　4.资源保障的充分性评估

　　从执行的角度来看，应急预案应对应急资源做出三个方面的规定，即应急资源的储备、应急资源的调配以及应急资源的快速补充。资源储备是应急准备阶段的主要任务；资源调配是应急响应阶段的主要任务；资源补充既可以发生在响应阶段，也可以发生在准备阶段，任务是补充那些消耗的和新需求的资源。据此，我们建立了城市防汛应急预案资源保障的充分性评估体系。

资源储备的合理性评估应重点考察资源储备的结构、数量和分布是否合理。城市防汛应急资源的种类很多，仅应急物资就涉及指挥决策类、应急救援类、应急医疗类和生活类物资，各地应根据当地的社会经济状况、人口规模、汛情影响来合理安排资源储备的结构和数量。资源储备点的布局直接影响着应急救援的效率，应合理规划资源储备点，保证安全性和便捷性。

资源调配的及时性评估应着重考察资源调配的流程和资源追踪。资源调配的目标是快速、准确，因此城市防汛应急资源调配流程应兼具清晰性和规范性。此外，经济性也是衡量应急效率的重要指标，要完善资源跟踪的相关制度和责任，保证资源的恰当使用。

资源不足在城市防汛工作中司空见惯，一方面是准备不充分，另一方面是需求的不确定性。资源不足就要及时补充，以免延误最佳救援时机。资源补充的途径主要有紧急采购、租赁、协议借用、动员和征用等。其中，资源动员时必须说明资源的详细信息，以免征集到资源因不对路而无法使用；采用征用手段时，必须向对方说明补偿规定。

5.响应措施的有效性评估

防汛应急措施的有效性在很大程度上决定着整个应急预案有效性的发挥。应急预案响应措施有效性的问题归结为响应措施的有无和是否管用。因此，城市防汛应急预案响应措施的有效性可以通过两个方面来综合考察，即响应措施的完整性和相应措施的合理性。据此，我们建立了城市防汛应急预案响应措施有效性评估体系。

二、城市防汛应急预案评估原则与方法

（一）原则

评估就是价值判断。建立评估体系与模型是完成评估活动的重要步骤。为了保证城市防汛应急预案响应措施有效性评估的科学有效，首先要确定评估的原

则。城市防汛应急预案响应措施有效性评估应遵循以下六大原则：

1.科学性原则

科学性原则是指评估指标的建立、选取，评估指标权重的确定都要有科学的方法来支撑，不能凭空捏造，闭门造车，应保证评估体系和模型的科学性，保证评估结果的客观真实。

2.合法性原则

评估指标的建立与评估模型的构建都要符合相关法律法规的要求，尤其是评估指标要严格对照《突发事件应对法》的要求进行选取，保证评估体系的合法性。

3.系统性原则

城市防汛应急管理是一项系统工程，城市防汛应急预案是对城市防汛工作预先进行系统性设计与安排的计划，要评估其措施的完整性和合理性，就要依据系统论的观点，从总体上进行把握，保证评估指标体系的系统性与完备性。

4.针对性原则

评估不能"眉毛胡子一把抓"，针对不同类别不同级别的应急预案，评估的侧重点应有所差异。对于城市防汛应急预案，应注重对其相应措施有效性进行评估。

5.具体性原则

城市防汛应急预案评估的最终目的不是区分应急预案的好坏，而是为其不断完善提供科学的依据与参考。因此，城市防汛应急预案评估更要考虑指标的具体性，保证评估结果能真正对城市防汛应急预案响应措施有效性的提升起到具体可行的指导作用。

6.可持续性原则

城市防汛应急预案评估不是一蹴而就的事，要实现城市防汛应急预案的最优功能，就要持续不断地对其进行评估。为了评估的效率与效果，要保证评估体系与模型改进的可持续性，根据社会、经济、环境因素的变化适时调整，保证评估体系的与时俱进。

（二）评估方法

评估活动是评估主体基于特定的目的，采取一定标准对一定对象进行的价值判断活动。要进行评估，首先要确定评估结果的表现形式，然后据此选择定性评估或定量评估。

定量评估是一种定序评价，与定性评估相比，其优势在于能够比较不同评估对象与评估目标之间的契合情况。现阶段，我国还处于应急预案的试用、推广阶段，各级应急预案的质量参差不齐，没必要通过定量评估比较不同应急预案之间的好坏。可以在应急预案评估制度成熟以后，通过定量化评估引入竞争机制，激励编制主体积极创新，推动应急预案的实用化。

城市防汛应急预案响应措施有效性评估的主要目的是检验应急预案响应措施的有效性，为提升应急预案有效性提供针对性的依据。换句话说，城市防汛应急预案响应措施有效性评估的结果应能明确指出应急预案的优势和不足之处，并有针对性地提出修订意见。

因此，现阶段的城市防汛应急预案评估更适合以定性评估为主，判断应急预案内容的实用性，辅以定量评估提高评估结果的直观性。

第二节　基于物联网的城市防洪防汛系统

近年来，全球气候变暖、城市化进程加速，导致多年不遇的暴雨灾害频繁上演。暴雨内涝灾害作为严重的自然灾害之一，不仅影响社会经济发展，同时给人民的生命财产安全也带来不确定性危害。城市洪涝日益成为世界各国普遍面临的问题，我国昆明、沈阳、武汉、杭州、上海、北京等多城市受灾严重。

国家相继发布了多项政策指导文件，明确城市防汛重点并做出具体的规划和标准，拟用10年时间完善防涝体系，解决城市积水内涝。提出工作要求：力争用5年左右时间，完成雨污分流管网改造与建设，因地制宜配套建设雨水调蓄设施；完善应急机制，建立城市洪水内涝监控预警标准，完善无障碍的信息共享机制；加强科技支撑，采用新技术、新手段，不断提升城市防汛智能化管理能力，加快建设包括汛情监控、气象预报、应急预案等功能的信息化业务应用系统。

洪涝灾害已经引起国家政府部门的高度重视：一方面要积极规划、建设并管理好排水防涝设施；另一方面应加强防汛应急管理，提高暴雨预警和应急处置的能力。

由此可见，建设一套基于物联网，集汛情实时监测、防汛物资管理、汛情实时监测多种功能于一身的城市防洪防汛系统，对于城市防灾减灾具有十分重要的现实意义和价值。

一、需求分析

作为系统设计与实现的依据，城市防洪防汛系统的建设目标和能够解决的实际问题，应对防洪防汛主管部门的实际工作需求进行深入分析，得出城市防洪防汛系统设计与实现的可行性。

（一）系统概述

突发性灾害天气增多，排水防涝基础设施薄弱，城市防汛面临较大压力，对暴雨洪涝的预警和防御是当前防汛工作的难点和重点。防汛信息化建设仍处于起步阶段，雨水情信息采集手段落后甚至空白，没有构建一个统一的数据库，各类信息没有整合，共享利用不充分，调度决策多依靠经验，难以满足防汛抢险需求。

城市防汛管理部门负责对城区防汛抢险的组织、指挥、调度和协调工作，主要包括：监视雨情、汛情的发展形势，组织气象、水文、防汛等部门专家进行会商；负责防汛物资的储备、管理，组织调配防汛抢险队伍，依据抢险预案实施抢；统计、核实、上报灾情，科学评估受灾情况。

城市防洪防汛系统综合运用当前通信、IT、物联网等技术，依照现行的系统建设标准，在现有网络和系统的基础上，运用有线/无线通信手段，结合城市防洪防汛工作，包含监控点视频监控、雨量实时采集、数据传送、通信传输、物联网应用等技术，建立具有立体图像收集、水位数据收集、数据分析处理、传送、预警报警整合的智能化城市防汛机制。系统建成后能在城市防汛工作中发挥主要作用，提高城市防汛抢险救灾决策水平和指挥调度，加强防汛的快速响应能力，尽量减少灾害带来的损失，有重要的社会价值和经济价值。

（二）系统目标和解决的问题

1.系统目标

基于GIS、综合运用物联网、数据库、专业模型和3S等一系列新技术，整合多个业务数据库，实现实时采集、传输、存储和管理汛情信息，给防汛指挥调度的信息和模型提供相关的决策分析支持，保证城市防汛指挥调度工作的有效性、准确性和及时性。基于物联网的城市防洪防汛系统应该达到以下目标：

（1）提供实时采集、准确的有关防汛信息的采集、传输和储存，包括雨量、水文、气象、监控视频等；

（2）及时、迅速地以图像、文字、声音等形式给监控中心提供雨量、水量、工程、灾情预案、灾情处理案例等全面服务；

（3）利用气象局的天气预报数据，分析得出更为准确及时的汛情预报，能够明显提高汛情预报的准确性和提前期；

（4）针对性的个性化定制防汛指挥调度方案，能够依据历史经验和数据库资料提供可靠的防汛指挥调度决策分析支持；

（5）支持灵活的人际交互界面，通过跨部门的不同地点的实时群体会议，支持防汛指挥调度决策会商；

（6）有效利用系统整合的信息资源，同时使软件系统具有较好的可扩充性、可重用性，使研究成果可复制利用与推广。

2.解决的问题

基于物联网的城市防洪防汛系统应该解决以下问题：

（1）需要及时、全面地掌握汛情变化。在汛期中，需要掌握重点积涝地区的水情、雨情、工情、灾情等信息，通过城市防洪防汛系统的建设，能够及时做好应急准备，做到早发现、早预警、早处置。

（2）集中管理分散的防汛资源。防汛应急资源储备分散，需要全面掌握资源的配备、分布及调度使用情况，通过城市防洪防汛系统的建设，能够保证防汛资源供应充足、稳定、到位，发生灾情后能够快速调集、顺畅调度。

（3）防汛应急处置需要多部门协同参与。防汛应急抢险是一个多部门联合实施的过程，灾情发生后，需要会同相关部门进行磋商，通过城市防洪防汛系统的建设，能够协同组织指挥人员、物资赶赴现场，形成应对灾害的上下联动。

（4）汇总评估洪水灾害造成的损失。灾情过后，需要收集、汇总、核实、上报灾情情况，通过城市防洪防汛系统的建设，能够为评估灾害损失提供基础参考数据。

（5）记录灾情处置过程，积累案例。城市防洪防汛工作处置后，需要记录灾情应急响应的整个过程，通过城市防洪防汛系统的建设，能够积累形成历史案例，为以后处理应急事务提供直接、形象的经验参考。

（三）系统需求问题描述

城市防洪防汛系统将城市河道流域、重点防洪工程、重点河道堤防、城市立交道、城市重点低洼地带等防汛对象的信息管理起来，利用GIS及物联网技术，实现集水量检测、雨量采集、视频监控、调度指挥、信息系统管理集成整合的城市防洪防汛指挥体系的构建，为防汛防洪的指挥调度和抢险救灾提供迅速的、精确的、科学的处理依据和手段。此系统适用于全国范围内突发性洪涝灾害的预防和应急处置，内河监测，设施巡查，水务管理等领域，广泛应用于各级防汛部门、水利水文部门、水资源管理部门及工程管理部门。

1.系统功能性需求

（1）视频监控

基于物联网的城市防洪防汛系统的视频监控主要包括以下内容：

第一，支持移动侦测功能：7×24小时全天候可靠监控，彻底改变以往完全由安全人员对监控画面进行监视和分析的模式，通过划定敏感区域触发报警录像，实现对所监控的画面进行不间断的判断、分析，大大提高报警精确度。

第二，支持告警及回放功能：视频数字化的主要优点之一就是为自动视频分析应用程序的运用创造了良机。视频分析技术能够发出比简单的视频运动检测或物理传感器更为有效的报警信号。由于操作员的注意力只需集中在真正重要的事件上，而且虚假报警的数量显著下降，这样每名操作员所能看管的摄像机数量有所增加。另外，监视人员还可根据自定义的检索条件对已录制的图像进行回放。

第三，支持手动录像、抓图功能：监视人员可在定制任务之外对即时录像进行手动录像与抓图。

（2）水位信息

基于物联网的城市防洪防汛系统采用专业的监测工具，在监控指挥中心对水位数据信息进行实时的监控采集和预警。系统能响应多级用户权限管理，可灵活设置各级权限，实时监控管理传感器的工作状态，软件具有远程布防、撤防的功能；人性化设计软件界面，能实现窗口弹出、树形四级机构查询，清晰直观，用户可根据不同的权限级别，实现各级设备的增、删、改、关、报警级别、报警信息等管理参数设置；通过各级设备与GIS地图结合，可显示设备的物理位置，直观地查看实时报警位置，可接入视频实时监控系统，实现报警联动。

（3）雨量数据

通过安装在观测现场的雨量实时监测设备，计量降雨量，设备由容栅式雨量计、多功能数据采集器、GPRS无线数据发送器组成。

多个雨量实时监测设备与安装中心采集程序（雨量遥测工作站）进行联网，就组成了这个地区的"雨量实时监测系统"。中心可以通过一台计算机，对多个自动雨量站的数据集中收集，并建立数据共享页面，供相关人员查询和浏览。

（4）指挥调度决策支持

作为防汛防洪决策的基础，信息数据的正确分析，能够保证科学判断防汛态势和制定指挥调度方案。在汛情发生时，能快速地收集和传送雨量、水量、工情等灾害信息，并准确预测、预报其发展趋势，通过分析，定制出响应方案，指挥调度抢险救灾工作，构建起有效的城市防洪防汛体系。

结合GIS技术和雨量、水位、气象灾情等各种防汛资源，全方位支持防汛决策和指挥调度，使决策者能够准确迅速地做出可持续的防汛指挥调度方案和决策。

（5）防汛资源管理

防汛资源是指各级政府部门储备的防汛物资。主要包括编织袋、编织布、土工织物抢险排体、无纺布、抢险钢管、木桩、抢险照明设备等抢险物资；防汛指挥艇、橡皮船、冲锋舟、救生衣、救生圈等救生器材；打桩机、堤防隐患探测仪、潜水衣等抢险器具。防汛资源管理系统基于GIS的防汛物资一体化管理，提供物资进仓、出仓、转仓、报损、库存报表，整合防汛物资统计报表，在电子地图上全面、准确地反映防汛资源储备、调度情况，实现物资进出库管理等。

2.系统非功能性需求

（1）统筹规划，统一标准

系统设计应从全局出发，准确把握发展需求，以满足防汛实际需求为导向。通过强化技术标准，建立统一的数据接口，实现信息共享，确保对各种信息的高效收集和利用。

（2）开放性

城市防洪防汛系统的建设是分阶段实施，不是一下子就能建成的。系统需要具有良好的开放性和可扩展性，便于完善升级，满足防汛新需求。

（3）安全可靠性

系统需使各类信息及时、完整、有效、安全地传输和处理。对敏感数据进行加密处理，使数据的传输、存储能够分级、分层次的安全管理，保障系统的安全可靠性。

（4）应用系统总集成

系统应采用基于中间件数据交换架构进行设计，符合主流的集成架构标准，同时能够开放、灵活地与已有、将有和在建的各种需要整合的系统进行有效的集成对接。

（5）面向应用，合理利用资源

系统的设计实施应尽最大可能节省项目投资，以实效、实用、经济并能面向业务需求为设计原则，充分利旧，节省投资。

（6）技术先进，性能稳定

系统设计应符合和采用现有的、成熟的标准和技术手段，具有高性能、强生命力、长期使用价值等特点。符合目前的发展方向和将来的趋势。

（7）人机交互性好，易用性强

系统需要提供良好的、人性化的界面风格，并且操作界面应该易于定制，风格统一，便于操作。

二、系统设计

（一）设计目标原则

1.设计目标

城市防洪防汛系统综合运用物联网、云计算、大数据、地理信息等一系列新技术，通过雨量计、水位计、视频等在线监测设备，实时自动地采集水情、雨情、工情等信息，整合防汛各类应急资源进行集中管理、综合调配，结合历史防汛经验和专家库提供汛情动态分析、多部门视频会商、指挥决策支持，建立监测、预警、决策、调度一体化的管控系统，实现防汛监测预警智能化、资源管理统一化、应急响应协同化，有效提高城市灾害防治的及时性、主动性、科学性。

通过对业务需求进行详细分析，总结出此系统的具体目标为：

（1）通过系统将城市河道流域、重点防洪工程、重点河道堤防、城市立交桥、城市重点低洼地带等对象的信息进行管理起来，实现上述对象信息的获取、输入、操作、传输、可视化、查询、分析等功能。建设成采用先进IT技术、Web技术、GIS等先进技术，完成集降雨遥测、水位遥测、视频监控、实时通信、指挥调度、决策支持于一身的城市防洪防汛监控监测系统。

（2）实现自动化的数据获取，灾情预报，视频会商到现场指挥，应急抢险等目标，为城市防洪防汛主管部门的领导在进行抢险救助时提供准确、实时的信息数据支持，实现实时水情信息、工情信息查询与展示，提供更加生动、形象、直观的决策参考。

（3）建立集"视频监控""水位监测""数据采集、整合、处理、反馈、报警、预警"等功能于一体的综合城市防汛系统，为指挥调度防汛抢险救灾工作提供科学、准确的依据。

2.设计原则

根据国家排水防涝政策提出"健全互联互通的信息共享与协调联动机制"要求，城市防洪防汛系统设计遵循以下原则：

（1）统筹规划，统一标准

系统设计从全局出发，准确把握今后发展需求，以满足防汛实际需求为导向。整体规划部署，采用统一的数据与技术标准，确保对各种信息资源、业务应用系统的高效集成。

（2）资源整合，信息共享

系统应该充分利用气象、水文等应用系统，实现信息共享和资源的优化配置，减少由于部门、系统的划分造成的硬件、软件重复建设，提高信息服务的时效性、系统运行管理的安全性，发挥综合协同作用，提升综合管理水平。

（3）需求主导，面向应用

从满足当前防汛业务需求出发，讲究实效，确保项目建设的针对性、实用性，发挥系统在应急管理中的作用。

（二）技术架构设计

城市防洪防汛系统技术架构包含感知层、传输层、数据层、业务层四个部分。

感知层：在城市重要河道、低洼区、积涝点安装监测监控设备，同时结合防汛指挥车和移动终端，实时采集水情、雨情、灾情等汛情信息。

传输层：由有线/无线通信网络、物物连接的物联网络以及互联网构成，承担视频、水位、气象等各类监测数据的传输。

数据层：对防汛各类监测、业务数据进行集中存储管理，包括汛情信息数据、监测信息数据、空间地理数据、决策模型数据、专题数据等。

业务层：提供防汛应急过程中所需的汛情监测、资源管理、指挥调度等功能，完成各阶段的多种信息需求和分析。

（三）网络架构设计

系统网络依托模块化的设计思路，将整个网络环境划分为中心网络区、网络接入区、用户工作区等，各分区内部采用分层的网络设计。

中心网络区：在网络中心区部署一台核心交换机，为保证核心交换机的高速数据转发，核心交换机上不进行多余的策略配置。

互联网接入区：在互联网接入区，部署一台防火墙，实现数据在网络内部和外部之间的安全传输。部署一台入侵防御系统，对来自互联网的数据进行入侵防御与检测、病毒过滤、防黑客攻击、带宽管理等功能，提供L7的深层防护以及网络病毒防御。

用户工作区：主要是指挥中心内的操作台电脑及中心值班人员电脑。操作台电脑主要包括大屏幕操纵电脑和系统工作人员操作电脑。

（四）功能架构设计

城市防洪防汛系统建设主要包括汛情实时监测、指挥调度决策、防汛资源管理三个大的模块，每一个模块下面均配置多个子模块，从而为城市防洪防汛主管部门在日常业务处理时提供更强有力的信息化技术支持。

1.视频监控系统

视频监控系统提供视频站点列表，可通过自定义选择、图形框选、分组方

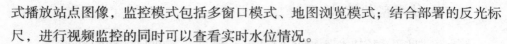

式播放站点图像，监控模式包括多窗口模式、地图浏览模式；结合部署的反光标尺，进行视频监控的同时可以查看实时水位情况。

2.水位信息管理

水位信息管理显示水位站点实时监测列表，可以直观查看各站点当前水位值并进行地图定位，鼠标悬停在地图站点上，显示实时监测信息，可选择水位站点、间隔时间、开始时间和结束时间，显示水位动态变化过程。

3.雨量数据管理

系统显示雨量站点实时监测列表，可以直观查看各站点当前降雨量值并进行地图定位，能够查看雨量变化图及数据列表，可选择雨量站点、间隔时间、开始时间和结束时间，直观形象地显示雨量动态变化趋势。

4.会商评估系统

会商评估系统能够根据灾情的强度可以启动不同等级的预警响应，执行不同的处理过程，并记录预案启动信息。并且能够基于已启动的预警响应，根据当前综合汛情分析，进行会商决策，发布防汛应急处置命令。

5.指挥调度分析

指挥调度分析能够根据防汛会商会议需要，通过预案管理的编辑功能，完成对预案文档的分解入库，达到能根据当前防洪形势，系统判断该启动哪种级别的预案，能迅速检索到各预案内容；并且能够基于防汛案例库，通过调阅以往救灾案例，结合当前情况进行比较，为抢险指挥决策提供参考。

6.防汛决策支持

防汛决策支持能够根据水情、雨情、气象、水文等各类信息的汇集，提供报警查询、时段水雨情查询分析、灾情信息统计、汛情查询、会商结果查询等功能，对灾情进行全方位的评估，并根据会商评估结果输出决策分析报告。

7.防汛物资管理

防汛物资管理主要提供对防汛应急处理组织结构以及各组织部门所掌握和能调度的物资进行维护和管理，为指挥调度提供基础信息。

8.防汛组织管理

防汛组织管理能够提供对防汛应急处理组织结构以及各组织部门基本信息的管理，为指挥调度提供基础信息。

（五）接口服务设计

城市防洪防汛系统的建设和应用涉及多个部门和业务系统，在设计中采用数据交换中心和数据交换代理节点的结构，在代理节点上提供相应的界面来方便老应用系统的接入并提供一致的访问行为和接口。

（六）数据库设计

数据库是系统的核心，系统具有海量数据存储和管理能力，支持存储设备容量的平滑升级。防汛系统需要存储的数据包括：雨量计、水位计、GPS车船上报的采集数据文件，监控及摄像视频，人员、物资、河道等基础数据，调度、值班等业务数据。防汛工作安全等级要求很高，数据量也很大。数据存储设计应遵守以下原则：一是核心数据加密存储，确保安全等级；二是支持OLAP数据分析，采用集群关系数据库；三是尤其是视频文件，支持高速缓存，确保流畅播放。

第三节　基于大数据的城市防汛支持系统

一、大数据与云计算技术

随着物联网、移动互联网的快速发展，智能设备遍布社会的各个角落并且呈指数级增长，人们能够采集到的数据源越来越多，数据的规模、类型、维度也不断增长。大数据的来源众多、产生方式多样、产生速度极快，这为大数据的处理带来了诸多挑战。云计算技术的发展为应对以上问题提供了技术支持，让人们从海量的大数据中挖掘隐藏的知识成为可能。以Hadoop为基础平台的云生态系统为大数据存储、分析和计算提供了有效的技术解决方案。大数据的处理流程主要有采集、预处理、存储、挖掘分析和知识展示。

（一）大数据采集

数据采集是指将物理世界中的信息按照给定的信息表达方式进行读取的过程。大数据时代，数据的产生方式有了巨大改变，传统的数据多由人工进行输入，是人为产生的，数据是结构化的，而物联网技术的发展，让智能设备应用越来越广，数据来源增多，数据类型复杂多样，数据多为半结构化或非结构化的。大数据采集的难点之一就是数据产生的速度极快且永不间断，因此要求数据采集设备能快速处理和保存数据，这是大数据的速度快（Velocity）这一特征的体现。数据规模巨大（Volume）且快速增长是大数据采集的另一难点，例如，搜索引擎的数据对象是整个Web，对Web网页的抓取是关键步骤之一，而Web本身已十分庞大且在快速增长并不断演化。Hadoop起源Nutch项目，最初的目的就是存储搜索引擎对Web网页的索引，基于Hadoop的分布式数据库HBase有着近似最优的写性能和出色的读性能，能够为大数据的采集提供很好的解决方案。

（二）大数据预处理

数据预处理是将采集过程中获取的原始的含有缺失值和噪声的数据转换处理成适合挖掘分析的数据的过程。数据预处理是数据挖掘流程中的关键一步，数据预处理的工作量占整个数据挖掘过程的一半以上，直接关系到最终结果的质量。大数据往往有多种数据来源，不同数据源的格式各有不同，必须经过多种异构数据进行整合处理。在数据的产生过程中，经常会有噪声干扰，这些有噪声的数据要经过清理之后才能反映出真正的知识。产生数据的设备都有一定概率发生故障，尤其是在大数据时代，往往有大量设备在收集信息，同一时间段几乎总会有设备发生故障，造成数据缺失。因此，在进行数据挖掘时，先要对数据进行预处理，将缺失的数据进行补全或者去除。数据预处理的方法一般包括数据清理、数据变换、数据融合和数据规约四种方式。

（三）大数据存储

大数据的一个最明显的特征就是数据量非常庞大，而且大数据不仅有结构化数据，还有半结构数据和非结构化数据，这两种数据所占的比例还在持续增大，传统数据库往往是为结构化数据设计的，这使得人们需要设计新的存储方案来存储大数据。为了存储大量数据并应对数据量的快速增长，必须有能够支持的水平扩展性、高可靠的分布式数据存储方案。根据CAP理论，任何分布式系统在可用性、一致性、分区容错性方面，最多实现其中两者，不能全部特性都实现。在大数据时代，数据存储不需要很强的事务特性，数据库的高可用性和高可靠性更为重要。因此，NoSQL应运而生，NoSQL数据库牺牲了严格一致性，一般不支持事务，从而保证了高可用性和高可靠性。开源分布式数据库HBase就是一种为大数据而设计的NoSQL数据库，可以为大数据的存储提供很好的解决方案。

（四）大数据挖掘分析

大数据的数据量巨大、增长速度极快、数据类型丰富多样，传统的常规数据处理技术根本无法应付，这为数据挖掘分析提出了新的挑战。大数据一般存储在分布式文件系统上，在这种文件系统中对文件进行读写操作往往会产生网络访问，因此在对大数据进行挖掘分析时，I/O开销高于计算开销。这个问题可以使用Map Reduce编程框架进行解决。Map Reduce应用了分治思想，让计算靠近数据，在数据存储节点上运行计算任务，大大降低了I/O开销，最后再将各个节点的计算结果汇总处理后获得最终的运算结果。Map Reduce编程框架非常有效，但是对数据分析人员仍有一定的学习难度。为了解决这一问题，开源社区实现了将传统的SQL查询转换为Map Reduce任务的数据分析工具，例如在Hadoop生态系统中的Hive就是一种方便使用的数据处理工具。

（五）云计算技术

"云计算"是由Google首席执行官埃里克·施密特在2006年8月9日的搜索引擎大会上首次提出的。云计算还没有统一的定义，目前引用最多的是美国国家标准与技术研究院（NIST）的定义：云计算是一种为只需少量管理或与服务提供商交互就可用的可配置的由计算资源池提供普适的、便捷的、按需访问的计算模式。NIST的定义包含了云计算的五个基本特征。云计算主要具有以下五个基本特征：

1.按需自助服务

云计算服务提供商将计算资源作为商品提供给消费者，消费者需要使用云计算资源时，可以根据自己的需求购买相应数量的计算资源，整个过程可以自助完成，不需要跟云计算服务提供商进行交互，从而让云计算消费者更容易应对需求的变化。

2.资源计量服务

云计算服务提供商将计算资源按使用量或使用时间进行定价，云计算用户可以根据需求制定最优的云计算资源的购买策略，云计算资源的使用在监控之下，消费者可以得到供应商提供的透明使用报告。

3.弹性伸缩

云计算平台能够根据用户的业务需求和使用策略，为用户自动弹性调整计算资源，在业务增长时，为用户增加计算资源，在业务下降时，自动减少计算资源，为用户节省成本，整个过程是智能的、自动的，用户可以调整相关参数，制定弹性调整资源的策略。

4.宽带网络访问

云计算资源时通过网络提供的，用户可以使用各种有网络连接的设备访问这些资源，这种方式为用户提供了很大的灵活性，计算资源不是固定在一个地方，用户也不需要指定其具体地点。

5.资源池化

云计算供应商将所有的资源如网络带宽、处理器、内存和存储都虚拟为一个资源池，用户访问资源池获取计算资源，整个资源池没有地理位置的概念，但是供应商可以在提供设置参数，让用户选择计算资源的地点。

二、Hadoop 云计算生态系统

Hadoop是Apache基金会管理的一个由Java语言实现的分布式开源软件框架。Hadoop可以将廉价的硬件组建成集群，为大规模数据提供分布式存储和分布式处理。Hadoop最早由Doug Cutting和Mike Cafarella在2005年创建，最初属于Nutch项目的一部分。Hadoop的设计思想起源于Google的两篇学术论文：GoogleFile System和MapReduce。Hadoop项目创立之后，得到了飞速的发展。Apache Hadoop的基础框架主要包含4个组件：Hadoop Common，HDFS，Hadoop YARN，Hadoop MapReduce。因为Hadoop的广泛应用，目前已有很多基于Hadoop实现的开源软件，如Apache HBase，Apache Spark，Apache Hive，Apache Storm，Cloudera Impala等。因此，Hadoop一词代表的不仅仅是HDFS和MapReduce这两个组件，还代表了基于Hadoop发展起来的整个生态系统。

Hadoop在各大IT企业都有广泛的应用，社区十分活跃，几乎已成为大数据处理的标准解决方案。总结起来，Hadoop主要具有以下几个优点：

（一）高可靠性

Hadoop中的所有组件都是基于使用的硬件很容易出故障而设计的，并且硬件故障能自动被框架处理。因此，尽管Hadoop利用的是廉价的机器搭建的集群，仍然具有很高的可靠性。

（二）高可扩展性

Hadoop能够存储海量的数据，集群由廉价的硬件组成，当因为数据量的增长而遇到瓶颈时，可以通过增加机器的方式来解决，能够达到近似线性扩展的能力。

（三）高容错性

Hadoop将其存储的所有的数据都进行了冗余备份，在一个节点出现故障造成数据丢失时，可以通过其他备份得以恢复。

（四）高效性

Hadoop利用MapReduce框架将计算任务的代码发送到数据节点执行，让计算接近数据，从而使Hadoop处理大规模数据时具有很高的效率。

Hadoop云生态系统包括许多开源项目，几乎任何大数据问题都有相应的解决方案。

三、数据可视化技术

防汛决策系统采用Bis构架，客户端由Web技术实现，用户通过浏览器即可访问相关服务。系统将防汛相关的海量数据的处理分析放到云端进行，处理之后的结果通过HTTP协议以JSON格式返回给客户端，客户端采用数据可视化技术对结果进行渲染，让用户可以直观地查看查询结果。

数据可视化是指利用计算机图形学技术将数据转换为可视化的图形图像进行展示，可视化的结果通常还可以进行交互操作。数据可视化通过图形表示的方式向用户清晰有效地展示数据，让用户能高效地获取数据所传达的信息。数据可视化技术可以让人们发现数据中隐藏的信息模式，能向人们传递更多有价值的信息。在大数据时代，数据发挥着十分重要的价值，数据可视化技术也因此得到了快速的发展。数据可视化技术主要具有如下特点：

交互性。在对数据进行可视化处理时，用户可以交互的方式操作，数据可视化的结果也提供交互的方式进行查看管理。

多维性。数据可视化可以展示处理对象的多个维度的属性，并可以按每个属性的维度进行分类、排序、组合等操作。

可视性。数据可视化的结果以图形、图像和动画的方式进行展示，可以让用户直观地分析数据，发现不同处理对象之间的相互关系。

（一）数据可视化类型

数据可视化可按数据类型分为以下几类：

1.低维数据可视化

低维数据通常是指一维、二维、三维的数据，这类数据间的关系比较简单，可视化的实现也比较容易。

2.高维数据可视化

高维数据通常具有三种以上的属性，高维数据之间的关系比较复杂，高维数据可视化通常可以帮助人们更好地分析和理解数据，发现数据中的隐藏模式。

3.时间序列数据可视化

时间序列数据是指在不同时间点上收集到的数据，随着时间的推移，数据不断变化，时间是时间序列的数据的一个重要属性，时间序列数据可视化可以让人们发现数据变化的趋势。

4.层次结构数据可视化

层次结构数据是一种树状结构的数据，往往利用树图来表示数据节点之间的关系。

5.网络关系数据可视化

网络关系数据中任意节点之间都可能存在直接或间接的关系，这类数据的数据节点没有固定的层次结构，在可视化中常用网络图的方式进行表达。

（二）数据可视化常用工具

大数据的发展对数据可视化提出了更大的需求，这导致了大量数据可视化工具的出现。这些数据可视化工具可以按数据类型的不同分为以下几类：

1.信息图表类

信息图表类工具可以为数据创建交互式的图表，能为用户提供大量信息，比较常用的信息图表类工具有Google Chart，D3.js.，Tableau等。

2.时间线类

时间线类工具是基于时间序列的可视化工具，可以表示时间维度上的演变，时间线类可视化工具主要有Timetoast，XTimeline，Timeslide等。

3.数据地图类

数据地图类可视化工具可以在空间这一维度上展示数据，这类工具主要有Google fusion tables，Quanum Gis等。

四、防汛决策支持系统

（一）系统的网络拓扑结构

现有的城市防汛决策支持系统网络构架一般有两种：客户端/服务器（C/S）模式和浏览器/服务器（B/S）模式。C/S架构是一种胖客户端架构，绝大多数的业务逻辑和界面展示功能都在客户端实现。这种架构中，作为客户端的部分需要实现较多的功能，界面显示、交互逻辑和事务管理功能都在客户端中，客户端还要与数据库的交互存储业务数据，以实现数据的持久交换。采用C/S架构的系统的界面可以很丰富，交互操作可以很完善，而且系统的响应速度也比较快，安全性可以很容易保证，可以实现多层认证。C/S也有缺点，因为客户端要安装到用户机器上才能使用，所以用户群固定，不适合面向一些不可知的用户；而且系统的维护成本较高，系统迭代更新速度较慢，因为系统更新时，所有客户端的程序都要改变。

B/S构架的客户端运行在浏览器上，客户端通过HTTP协议与服务器端通信。早期的B/S功能较弱，浏览器只是简单地展示服务器返回的html页面，没有很好的交互操作功能，响应速度受网络影响。随着计算机硬件技术的进步和Web前端技术的发展，功能越来越丰富，速度在不断提高，有了富客户端、单页面应用的技术的出现。B/S构架相比C/S构架具有很多优势。B/S构架的软件只需使用浏览器访问服务器即可运行相应功能，用户无须安装专门的客户端，具有部署简单的优点。B/S构架的系统功能的核心部分在服务器端上实现，系统的开发、升级和维护只需在服务器端进行，因此开发、维护的成本更低。基于B/S构架的以上优点，可采用了B/S构架开发城市防汛决策支持系统的原型。

在云计算时代，B/S构架得到了进一步的发展。B/S构架的性能瓶颈往往是在服务器端，而云计算技术可以为B/S构架的服务器后台提供强大的运算处理能力，因此可将城市防汛决策支持系统的服务器端放在云计算平台上。与传统的B/S构架相比，基于云计算的构架具有以下优点：

1.海量数据的存储和计算

传统的关系型数据库，比如Oracle，SqlServer等，适合存储结构化的数据，但是对于海量的半结构化、非结构化数据的存储则不能有效应对。基于Hadoop的分布式数据库HBase能利用廉价硬件组成的集群为海量的数据提供存储，并能利用分布式计算的优势，大大提高数据的处理效率。

2.高可扩展性

云计算平台采用Hadoop作为底层平台，Hadoop平台具有很高的可扩展性。在数据存储或计算能力达到瓶颈时，通过增加机器即可获得存储和计算能力的近似线性增长。

3.高可靠性

Hadoop平台中的底层分布式文件存储系统HDFS采用了冗余备份的机制，保证了当一个节点出现故障时，可通过其他备份节点恢复数据，提高了系统运行的可靠性。

（二）系统的总体功能框架结构

基于大数据和云计算技术城市防汛决策支持系统具有诸多优点，下面将对云端的功能需求进行分析。

1.用户登录和用户权限控制功能

系统的用户包含测站管理员用户、普通用户以及系统开发维护人员等。普通用户可以远程接入该云计算系统查看实时水情和水位预报预警。测站管理员可以远程接入该系统对测站进行信息录入和修改以及管理维护历史水情数据。系统开发和维护人员负责进行系统功能的完善以及维护，保证系统的平稳运行。

2.实时水情查询功能

水位传感器和雨量收集器将收集的数据实时传送到云端进行存储。实时水情查询模块就是快速响应用户对实时水情的查询，该功能模块包括实时河道水位查询、实时水库水位查询、实时雨量查询等。

3.水位预报预警功能

目前，云端已经存储了大量的历史水情数据，通过对历史水情数据的挖掘分析，可以为城市内涝灾害的预防和预警提供指导。本功能模块包含通过对历史数据进行训练得到的预测模型，然后将测站实时传送到云端的数据作为输入，从而预测短期内水位变化，并对预测水位超过汛限的测站进行预警，为应对突发内涝灾害提供指导。

4.历史数据统计分析功能

采用HBase数据库对历史水情数据进行分布式存储。在存储传感器采集的时间序列数据时，HBase比传统的关系型数据库更有优势，具有良好的扩展性，通过大数据分析引擎还可以提供分布式检索，为用户查询请求提供快速响应。

5.系统用户管理功能

由于城市防涝系统是多角色、多用户使用的系统，因此根据用户的角色对用户进行管理显得很有必要，用户管理模块具有添加、删除、修改用户信息等功能。

（三）系统数据库的设计与实现

城市防汛决策支持系统是充分挖掘历史数据来为决策提供辅助信息的，因此数据库的设计对于整个系统运行起确定性作用。防汛决策支持系统将存储和计算都存放在云端，从而使系统具有良好的扩展性和高效性。城市的水利信息化建设正在逐步完善，当前许多城市都部署了大量的水位测站和雨量传感器。这些传感器采用先进的物联网技术，能够高效地采集数据，并将数据实时传送到水利部门的数据库中，当前已经积累了大量的数据。随着技术的进一步发展和大数据时代的到来，数据的采集类型将会不断增多，数据的结构将会产生变化，而传统的数据库无法应对这些改变。为了解决这个问题，系统构架在云平台上，云计算技术已经为海量数据的存储和分析提供了良好的解决方案。

　　传感器采集的数据属于时间序列数据，而HBase的设计时就考虑了数据时间属性，任何存储到HBase中的数据都带有一个时间戳，因此HBase非常适合存储城市防汛中的相关水情、雨情信息。HBase基于Hadoop的分布式文件系统HDFS实现，能够存储海量数据，而且能够利用分布式计算的优势，高效率地对数据进行随机读写访问。HBase数据库的分布式设计具有如下几个优点：

　　1.高可靠性

　　HBase基于分布式文件系统HDFS做底层数据存储，HDFS的冗余备份机制为HBase的数据提供了很高的可靠性保证。HBase集群虽然采用主从结构，但是当HMaster宕机时，分布式协调服务ZooKeeper能将其他HRegion Server激活成为新的HMaster，从而解决了主从结构的单点故障问题。HRegionServer出现故障时，HMaster会将这个节点所负责的Region迁移到其他节点，保证系统仍然完整可用。

　　2.高可扩展性

　　HBase基于Hadoop实现，能够充分利用Hadoop高可扩展性。在存储空间不足时，可以通过简单地增加机器获得存储空间的近似线性增长。

　　3.经济性

　　Hadoop是开源软件，不需要支付昂贵的版权费。HBase的设计目标就是采用廉价的硬件为海量数据提供存储，并支持高效的随机读写访问。

　　4.支持表结构动态扩展

　　HBase表的元数据和列簇需要提前定义，才能进行数据存储，但是列簇中的列可以在系统运行时动态添加。这个特性很适合大数据时代下数据类型多变的特点。当水利信息化相关的传感器能够采集新的数据类型时，HBase数据库只需增加相应的列即可。

结束语

随着人类在地球上的不断繁衍生息，对地球生态环境造成巨大破坏，其中建筑污染是重要的污染源之一。近年来，我国基础建设发展迅猛，水利水电工程技术更是处于世界先进行列。然而，在水利水电中贯穿环保理念路程艰难。因此，施工单位需采取相应策略，将生态环境保护理念渗透于施工过程中，为我国实现可持续发展贡献力量。此外，开发与创新水质处理技术是市政给排水工程发展的主要方向之一。这主要是因为，做好市政给排水工程，首先要提高对污水的处理效率及利用率，而想要达到污水的良好利用必须依赖于先进的水质处理技术，水质处理技术的创新与发展，必须建立系统性的水质处理体系。近年来，国内的水质处理技术取得了较快的发展，污水的处理技术和再生技术也在持续的发展。此外，随着经济建设的发展，各城市也加大了生活饮用水处理工艺上的经济投资，重点是能够全面提高水质的集成化成套安全优质饮用水净化处理工艺技术。城市生活饮用水处理工艺在今后的发展中，应将重点放在低能耗、绿色环保、多功能净水作用以及可显著提高饮用水水质的除微污染成套工艺技术上，同时重点发展高效优质除污染技术，强调技术与设备的系列化、成套化、标准化。

参 考 文 献

[1]唐双成，单正清，王景才，等.工程教育专业认证背景下水利工程施工课程教学的探索[J].科技创新导报，2019，16（32）：50-51.

[2]杨永强，王达，史立新，等.滑模技术在大兴水利枢纽工程调压井混凝土施工中的应用[J].水利水电工程设计，2019，38（03）：41-44.

[3]赵清，刘晓旭，蒋义行，等.建设生态水利推进绿色发展——内蒙古自治区黄河干流沈乌灌域水权试点的经验启示[J].水利经济，2019，37（04）：20-22+31.

[4]王鹏，黄飞，潘树林，等.地方院校应用型创新人才培养探究——以宜宾学院环境工程专业为例[J].西部素质教育，2019，5（12）：160-162.

[5]黄宾，李新新，刘燕，等.基于水化热调控的大体积混凝土裂缝控制技术在某水利工程中的应用[J].施工技术，2019，48（15）：70-73.

[6]王建帮，唐德胜，李振谦.阿尔塔什水利枢纽大跨度挤压边墙快速施工及冬季防护技术研究[J].水利建设与管理，2019，39（06）：6-10.

[7]靳志锋，刘忠权，戚玉彬，等.沙盘（模型）任务教学法在水利工程施工技术课程教学中的应用[J].西部素质教育，2019，5（03）：194-195.

[8]王海凌，刘宝艳，德吉卓玛，等.拉洛水利枢纽及灌区工程碾压式沥青混凝土心墙施工技术研究[J].中国水利，2019（02）：38-40.

[9]黄斌.浅谈水利工程施工中的高边坡支护与开挖技术——以防城港市临海工业区供水项目大垌水库工程为例[J].城市建设理论研究（电子版），2018（31）：183.

[10]闫文杰，刘永强，肖俊龙.BIM与RFID集成技术在水利工程施工作业安全管理中的应用[J].水电能源科学，2018，36（05）：117-121.

[11]王中美，杨根兰，左双英，等.地质资源与地质工程学科硕士研究生课程体系改革探讨——以贵州大学为例[J].教育教学论坛，2020（14）：131–134.

[12]朱谷昌.抢抓机遇，主动作为，做大做强企业——庆祝北京中色资源环境工程股份有限公司成立二十周年[J].矿产勘查，2019，10（11）：2719–2720.

[13]贾继文，诸葛玉平，刘之广，等.高等学校骨干学科教学实验中心建设研究——以山东农业大学土肥资源环境工程教学实验中心为例[J].山东农业大学学报（社会科学版），2016，18（04）：95–98.

[14]刘培启，耿发贵，刘岩，等.碳纤维增强环氧树脂复合材料修复N80Q钢管的力学性能[J].复合材料学报，2020，37（04）：808–815.

[15]韩士群，杨莹，周庆，等.蒸汽爆破对芦苇纤维及其木塑复合材料性能的影响[J].南京林业大学学报（自然科学版），2017，41（01）：136–142.

[16]阚大学，吕连菊.中国城镇化和水资源利用的协调性分析——基于熵变方程法和状态协调度函数[J].中国农业资源与区划，2019，40（12）：1–9.

[17]佟长福，李和平，刘海全，等.水资源高效利用实践与可持续利用对策——以鄂尔多斯杭锦旗为例[J].中国农村水利水电，2019（10）：70–74.

[18]尉意茹，戴长雷，张晓红，等，N.R.Maximov.第12届"寒区水资源及其可持续利用"学术研讨会综述[J].水利科学与寒区工程，2019，2（05）：58–63.

[19]秦欢欢，孙占学，高柏.农业节水和南水北调对华北平原可持续水管理的影响[J].长江流域资源与环境，2019，28（07）：1716–1724.

[20]成六三，马明国.需求开采对机井地下水含水层资源供给功能的影响研究——以重庆市红层区的打井工程为例[J].昆明理工大学学报（自然科学版），2019，44（03）：33–40.